"十二五"职业教育国家规划教材
经全国职业教育教材审定委员会审定

中等职业教育化学工艺专业系列教材

化工自动化

第二版

蔡夕忠　主　编

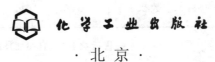

·北京·

本教材设置了七个项目。项目 1 主要学习自动化的基础知识和对带控制点流程图的识别；项目 2 主要学习压力检测仪表以及精度，常规仪表及控制规律，气动调节阀等的认识与操作；项目 3 学习液位检测仪表、数字显示仪表、电气阀门定位器、控制系统的过渡过程与品质指标以及控制器参数整定等；项目 4 学习温度检测仪表、温度记录仪、电动执行器以及分程控制系统等；项目 5 学习流量检测仪表、无纸记录仪、串级控制系统和比值控制系统等；项目 6 学习 DCS 控制系统、TDC-3000 系统构成与操作、均匀控制系统等；项目 7 学习 PLC 控制系统的操作。本教材使用过程中最好能结合化工仿真课程内容，在工艺仿真的基础上，学习控制系统的操作。本书可供中等职业学校非电类专业学生使用，也可作为岗位培训教材和师生参考书。

图书在版编目 (CIP) 数据

化工自动化/蔡夕忠主编. —2 版. —北京：化学工业出版社，2015.10(2025.5重印)

"十二五"职业教育国家规划教材

中等职业教育化学工艺专业系列教材

ISBN 978-7-122-25044-5

Ⅰ. ①化… Ⅱ. ①蔡… Ⅲ. ①化工过程-自动控制系统-中等专业学校-教材 Ⅳ. ①TQ056

中国版本图书馆 CIP 数据核字 (2015) 第 204519 号

责任编辑：廉　静　　　　　　　　　　装帧设计：王晓宇
责任校对：宋　玮

出版发行：化学工业出版社（北京市东城区青年湖南街 13 号　邮政编码 100011）
印　　装：三河市君旺印务有限公司
787mm×1092mm　1/16　印张 10½　字数 253 千字　2025 年 5 月北京第 2 版第 8 次印刷

购书咨询：010-64518888　　　　　　　　售后服务：010-64518899
网　　址：http://www.cip.com.cn

凡购买本书，如有缺损质量问题，本社销售中心负责调换。

定　价：28.00 元　　　　　　　　　　　　　　　　　　　版权所有　违者必究

前言

　　2006 年中国化工教育协会组织开发了化学工艺专业新的教学标准，并于 2007 年启动了新教材的编写工作。《化工自动化》作为本专业教学改革教材之一，于 2008 年 12 月正式出版。

　　《化工自动化》一书打破了传统教材按照检测仪表、控制仪表、执行器、控制系统的条块结构，按照不同控制系统操作为主线，将各类仪表及自动化的相关知识和相关操作技能融合在一起。教材结合现代化工的特点，根据职业学校的实训设备配置情况，先以典型化工实验装置操作为基础、以化工单元 DCS 仿真操作为重点策划知识学习和技能训练。《化工自动化》一书于 2012 年被教育部评选为首批中等职业学校改革创新示范教材。

　　根据全国化工职业技术教育委员会所做的《全国化学工艺专业人才需求与专业改革调研报告》、《中等职业学校化学工艺专业教学标准》等文件要求，对《化工自动化》一书进行全面审订，保留了全书原有框架结构，对部分内容进行了适当删减。

　　《化工自动化》（第二版）一书，广泛征询了使用者的建议，并由原书作者和审定人员合作完成。

　　化工生产技术不断进步，对编著者提出了更高的要求，但本书对新技术的介绍相对较少，书中也存在不少瑕疵，恳请专家学者和使用者批评指正。联系邮箱：cai_xizhong@sohu.com。

编　者

2015 年 6 月

第一版前言

本教材是根据国家"十五"规划重点课题"职业技术教育与中国制造业发展研究"子课题"中国化工制造业发展与职业技术教育"所制定的《全国中等职业教育化学工艺专业指导性教学方案》而编写的。

教材编写过程中,将原有类似教材中的控制仪表、检测仪表、控制系统的条框体系打破,以项目学习为主线,将知识学习和技能训练进行重新的整合。考虑到各个学校的实训条件,以仿真操作提供的控制系统为项目,完成控制系统的学习,训练学生控制系统的投运与操作。对于检测仪表和控制仪表作为项目的一部分,进行单独的训练。

教材设置了七个项目。项目1主要学习自动化的基础知识和对带控制点流程图的识别;项目2主要学习测量误差以及仪表精度等的计算方法,学习压力检测仪表、常规控制仪表及控制规律、气动调节阀等的结构与操作;项目3学习液位检测仪表、数字显示仪表、电气阀门定位器的结构和操作,学习控制系统的过渡过程与品质指标以及控制器参数整定方法等;项目4学习温度检测仪表、温度记录仪、电动执行器以及分程控制系统等的构成与操作;项目5学习流量检测仪表、无纸记录仪、串级控制系统和比值控制系统等的构成与操作;项目6学习DCS控制系统、TDC-3000系统、均匀控制系统等的构成与操作;项目7学习PLC的基本组成、PLC在化工生产中的应用等。

本教材由安徽省化工学校开俊主审,北京市化工学校蔡夕忠、上海信息技术学校孙鸿合作编写。其中孙鸿编写项目1、2、3,蔡夕忠编写项目4、5、6、7,并对全书进行修改和统稿。陕西石油化工学校乐建波老师参与了全书审稿工作,并为教材编写提供了大量资料和建议。在此表示衷心的感谢。

这种模式的自动化项目教学在国内是新生事物,由于我们的经验欠缺、水平所限,在编写的内容和设计的活动中可能存在不足之处,欢迎广大专家和同行批评指正。

编　者
2008.12

目 录

化工自动化
HUAGONG ZIDONG HUA

项目 1　　读带控制点的工艺流程图（PI 图）　　1

　任务 1.1　认识流程图中的控制系统相关符号　1
　　任务 1.1.1　读 PI 图中的相关图形符号　2
　　知识拓展　3
　　任务 1.1.2　流程图的识别　4
　　知识拓展　4
　任务 1.2　认识自动控制（检测）系统　6
　　任务 1.2.1　手动控制液位　7
　　知识拓展　操作过程分析　8
　　任务 1.2.2　自动控制液位　8
　　知识拓展　控制系统类型　10
　小结　11
　习题　12

项目 2　　操作压力容器的压力控制系统　　13

　任务 2.1　使用压力检测仪表　14
　　任务 2.1.1　使用 U 型管压力计　14
　　知识拓展　测量误差及其表示方法　16
　　知识拓展　压力单位换算　18
　　任务 2.1.2　使用弹簧管压力计　18
　　知识拓展　测量仪表的质量指标　20
　　任务 2.1.3　使用微型压力计　23
　　任务 2.1.4　使用压力变送器　24
　　知识拓展　变送器信号与工艺变量转换　25
　任务 2.2　使用模拟显示仪表　27

  任务 2.2.1 　自动控制系统的仪表连接 ………………………………… 27
  任务 2.2.2 　使用模拟显示仪表 …………………………………………… 28
  知识拓展　安全火花型防爆 ………………………………………………… 29
 任务 2.3 　操作控制器 ……………………………………………………………… 30
  任务 2.3.1 　控制器的作用和工作过程分析 …………………………… 30
  任务 2.3.2 　操作 DDZ-Ⅲ型控制器 …………………………………… 31
  任务 2.3.3 　操作智能控制器 ……………………………………………… 32
 任务 2.4 　操作气动控制阀 ……………………………………………………… 34
  任务 2.4.1 　认识气动控制阀 ……………………………………………… 35
  知识拓展　阀门 ……………………………………………………………… 38
  任务 2.4.2 　操作气动控制阀 ……………………………………………… 39
 任务 2.5 　操作压力控制系统 …………………………………………………… 40
  任务 2.5.1 　认识 PID 控制规律 ………………………………………… 40
  任务 2.5.2 　选择控制器的正、反作用 ………………………………… 43
  任务 2.5.3 　压力控制系统的投运 ……………………………………… 44
 小结 ……………………………………………………………………………………… 45
 习题 ……………………………………………………………………………………… 46

项目 3　操作贮槽的液位控制系统　　　　　　　　　　　　49

 任务 3.1 　使用液位检测仪表 …………………………………………………… 50
  任务 3.1.1 　使用玻璃板式液位计 ……………………………………… 50
  任务 3.1.2 　使用磁翻板式液位计 ……………………………………… 50
  任务 3.1.3 　使用电容式物位计 ………………………………………… 51
  知识拓展　电容物位计 …………………………………………………… 52
  任务 3.1.4 　使用辐射式物位计 ………………………………………… 52
  任务 3.1.5 　使用雷达物位计 …………………………………………… 53
  任务 3.1.6 　使用差压式液位变送器 …………………………………… 53
  知识拓展　零点迁移 ……………………………………………………… 54
 任务 3.2 　操作带电/气阀门定位器的控制阀 ………………………………… 55
  任务 3.2.1 　认识阀门定位器 …………………………………………… 56
  知识拓展　智能电/气阀门定位器 ……………………………………… 56
  任务 3.2.2 　操作带阀门定位器的控制阀 ……………………………… 57
 任务 3.3 　操作数字显示仪表 …………………………………………………… 58
  任务 3.3.1 　数字显示仪表的组成 ……………………………………… 58
  任务 3.3.2 　数字显示仪表的使用 ……………………………………… 59

  任务 3.4 操作单回路控制系统 ·· 60
    任务 3.4.1 判别控制系统过渡过程曲线 ·································· 60
    知识拓展 对象特性 ··· 63
    任务 3.4.2 操作液位控制系统 ··· 65
    知识拓展 控制参数对控制质量的影响 ·································· 71
   小结 ··· 73
   习题 ··· 74

项目 4 操作列管式换热器的温度控制系统 76

  任务 4.1 识读温度检测仪表 ·· 77
    任务 4.1.1 操作玻璃管温度计 ··· 77
    任务 4.1.2 操作双金属温度计 ··· 78
    知识拓展 带电接点的双金属温度计 ·································· 79
    任务 4.1.3 操作热偶温度计 ··· 79
    知识拓展 热电偶的种类 ··· 81
    知识拓展 热电偶补偿温度的计算 ······································ 82
    任务 4.1.4 操作热电阻温度计 ··· 83
    知识拓展 热电阻种类 ··· 84
  任务 4.2 使用温度记录仪 ··· 86
    任务 4.2.1 使用电子自动电位差计 ······································ 86
    任务 4.2.2 使用电子自动平衡电桥 ······································ 86
    知识拓展 电子电位差计与电子自动平衡电桥的区别 ············· 87
  任务 4.3 操作电动执行器 ··· 87
    知识拓展 电磁阀 ··· 88
  任务 4.4 操作管式换热器单元 ·· 88
    任务 4.4.1 认识列管式换热器控制中的分程控制系统 ············· 88
    知识拓展 分程控制系统的实施 ··· 89
    任务 4.4.2 列管式换热器单元操作 ······································ 91
    知识拓展 换热器的前馈控制系统 ······································ 94
   小结 ··· 95
   习题 ··· 96

项目 5 操作流体混合单元的控制系统 97

  任务 5.1 使用流量检测仪表 ·· 98

  任务 5.1.1　使用转子流量计 ………………………………………… 98
  任务 5.1.2　使用差压式流量计 ……………………………………… 100
  知识拓展　差压式流量检测信号转换 ……………………………… 101
  任务 5.1.3　使用电磁流量计 ………………………………………… 102
  任务 5.1.4　使用旋涡流量计 ………………………………………… 103
  任务 5.1.5　使用涡轮流量计 ………………………………………… 104
  任务 5.1.6　使用椭圆齿轮流量计 …………………………………… 105
  任务 5.1.7　使用质量流量计 ………………………………………… 106
  知识拓展　流量的温度、压力补偿 ………………………………… 107
 任务 5.2　操作无纸记录仪 ……………………………………………… 107
  任务 5.2.1　认识无纸记录仪的结构 ………………………………… 107
  任务 5.2.2　无纸记录仪的操作 ……………………………………… 108
 任务 5.3　操作流体混合单元控制系统 ………………………………… 111
  任务 5.3.1　认识串级控制系统 ……………………………………… 111
  知识拓展　串级控制系统 …………………………………………… 112
  任务 5.3.2　认识比值控制系统 ……………………………………… 113
  知识拓展　比值控制系统 …………………………………………… 114
  任务 5.3.3　流体混合单元（液位控制系统单元）仿真操作 …… 116
 小结 ………………………………………………………………………… 119
 习题 ………………………………………………………………………… 119

项目 6　操作 DCS 控制的精馏单元 ———— 121

 任务 6.1　认识 DCS 系统 ………………………………………………… 122
  任务 6.1.1　认识 DCS 控制系统的构成 …………………………… 122
  任务 6.1.2　精馏单元的 TDC-3000 配置 …………………………… 124
  知识拓展　分析 DCS 控制系统故障现象 ………………………… 127
 任务 6.2　操作精馏单元 ………………………………………………… 128
  任务 6.2.1　认识精馏塔的控制方案 ………………………………… 128
  知识拓展　精馏段温度控制方案与均匀控制系统 ……………… 129
  任务 6.2.2　　精馏单元仿真操作 …………………………………… 131
 任务 6.3　操作 TDC-3000 系统 ………………………………………… 132
  任务 6.3.1　认识操作员键盘 ………………………………………… 132
  任务 6.3.2　认识显示画面 …………………………………………… 135
  知识拓展　TDC-3000 系统的显示画面调用与操作 ……………… 138
  任务 6.3.3　历史数据的读取、打印 ………………………………… 139

任务 6.3.4　操作控制回路 …………………………………………… 141
知识拓展　报警操作 ……………………………………………… 143
小结 …………………………………………………………………… 143
习题 …………………………………………………………………… 144

项目 7　操作 PLC 控制系统　　　　　　　　　　　145

任务 7.1　操作 PLC 组成的电子计量计 ………………………………… 145
　任务 7.1.1　认识 PLC ………………………………………………… 145
　知识拓展　FX_{2N} 系列 PLC 梯形图及指令介绍 ……………………… 150
　任务 7.1.2　操作 PLC 组成的电子计量计 …………………………… 151
　知识拓展　计数器指令 ……………………………………………… 152
任务 7.2　操作 PLC 控制的联锁报警控制系统 ………………………… 153
　任务 7.2.1　认识联锁报警系统 ……………………………………… 153
　知识拓展　XXS-02 型闪光报警器 …………………………………… 154
　任务 7.2.2　操作联锁报警系统 ……………………………………… 154
小结 …………………………………………………………………… 155
习题 …………………………………………………………………… 156

参考文献　　　　　　　　　　　　　　　　　　　　　157

读带控制点的工艺流程图(PI图)

【项目描述】 当你即将进入某化工厂,作为某(聚丙烯)岗位的工艺操作工,你应熟悉整个工艺过程,通过识读带控制点的工艺流程图,了解整个工艺过程中的自动化系统设置情况和自动化水平。

【项目学习目标】

在工艺流程图(PF图)的基础上,读懂带控制点的工艺流程图(PI图)。

① 初步读懂流程图中的自动化装置的符号;

② 理解自动化系统的作用;

③ 明确自动化系统的组成,并能在流程图中指出各个环节。

任务 1.1 认识流程图中的控制系统相关符号

【任务描述】 读懂图1-1中的所有控制点的含义。

图1-1为聚丙烯聚合反应带控制点的工艺流程图。随着显示技术的进步,在DCS控制系统流程图显示画面中,多以设备实物外形代替符号进行显示,图1-2为聚丙烯聚合反应

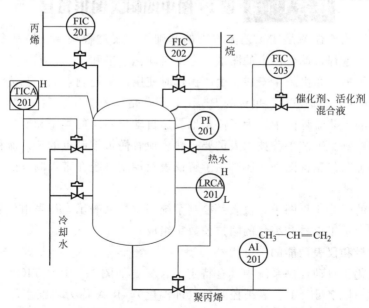

图 1-1 聚丙烯聚合反应带控制点的工艺流程图

DCS 显示的带控制点的工艺流程图。

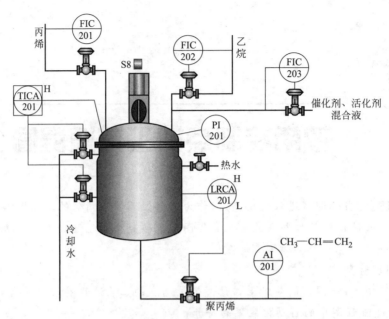

图 1-2 聚丙烯聚合反应 DCS 显示的带控制点的工艺流程图

液态丙烯在载体（液态己烷）和催化剂（三氯化钛 $TiCl_3$）与活化剂 [一氯二乙基铝 $Al(C_2H_5)_2Cl$] 混合液的共同作用下发生聚合反应，生成聚丙烯。

热水用来加热诱发反应，一旦诱发成功，由于丙烯聚合是放热反应，反应速度会随温度升高而不断加快。为了防止反应温度上升幅度过快而失控，通过冷却水适当冷却。冷却分成夹套冷却和蛇管冷却两路，要求先开夹套冷却，如果反应温度还是上升过快，再开蛇管冷却。

任务 1.1.1 读 PI 图中的相关图形符号

带控制点的工艺流程图是在工艺流程图的基础上，用过程检测、控制系统中规定的符号，描述化工生产过程自动化内容的图纸，它是自动化水平和自动化方案的全面体现，是自动化工程设计的依据，亦供施工安装和生产操作时使用。带控制点的工艺流程图简称为 PID (pipe and instrument diagram)，也称为 P&ID，即管路仪表图。

在带控制点的工艺流程图中，为了清楚地表达自动化系统的类型和所用仪表的种类，定义了许多符号和图例。工艺工程技术人员要想熟练地看懂带控制点的工艺流程图，除了要懂得工艺原理、熟悉工艺流程图外，还必须了解仪表及控制系统在带控制点的工艺流程图中的表示方法。

在带控制点的工艺流程图中，仪表及控制系统用位号来表示。位号由代表被测变量和仪表功能的字母和表示工段号和编号的阿拉伯数字组成。

(1) 被控变量和仪表功能的字母代号

字母代号在化工自动控制系统中具有特定的含义。如图 1-1 中的 TICA，在这一字母组合中，T 称为第一位字母，T 代表被控变量（即温度）。ICA 称为后继字母，后继字母可以是一个字母或更多，都分别代表不同的仪表功能，I 代表"指示"，即通过指示仪表能得到温度的数值；C 代表"控制"，当扰动使温度偏离设定值时，控制器会自动把温度调回到设定值上；A 代表"报警"当温度超过一定数值时，报警器会发出声、光报警显示，由于图中圆圈外有一个"H"，所以是上限报警，即当温度高于某个值时发出声、光报警显示。这就是说，TICA 实际上是"温度指示控制报警"的代号。

图中：FIC 表示"流量指示控制"；PI 表示"压力指示"；LRCA 是"液位记录控制报警"，圆圈外有一个"H"和"L"，所以是上、下限报警，即液位高于某个值或低于某个值时都会发出声、光报警显示。AI 是"成份指示"，"A"表示混合物中某组分的含量，圆圈外标上"$CH_3—CH=CH_2$"表示测量聚丙烯的含量。

（2）读仪表位号

在检测、控制系统中，构成一个回路的每台仪表（或元件）都应有自己的独立编号，即仪表的位号。仪表的位号由英文字母和阿拉伯数字组成，如图 1-1 中的 FIC-201。位号的第一位英文字母表示被控变量，后继 1～5 位英文字母表示仪表的功能。阿拉伯数字的第一位表示工段号，后续 2～3 位数字为回路顺序号，因此，FIC-201 为第二工段第 1 个流量回路，FIC-202 为第二工段第 2 个流量回路。在编制回路顺序号时，不同变量是独立编制。

思考与练习

① FIC-203 表示＿＿＿＿＿＿＿＿＿＿；
② PI-203 表示＿＿＿＿＿＿＿＿＿＿。

知识拓展

PI 图中的被控变量和仪表功能代号有很多，表 1-1 列出了有关被控变量和仪表功能代号的含义。

当选用第一位字母"A"作为分析变量时，应在图形符号圆圈外标明分析的具体内容。例如，图 1-1 中是分析丙烯的重量百分比浓度，所以在圆圈外标注"$CH_3—CH=CH_2$"，不能用"$CH_3—CH=CH_2$"代替圆圈内的字母"A"。

表 1-1　检测、控制系统字母代号的含义

字母	第一位字母		后继字母	字母	第一位字母		后继字母
	被控变量	修饰词	功能		被控变量	修饰词	功能
A	分析		报警	N	供选用		供选用
B	喷嘴火焰		供选用	O	供选用		节流孔
C	电导率		控制	P	压力、真空		实验点
D	密度	差		Q	数量	积算	积分、积算
E	电压		检测元件	R	放射性		记录、打印
F	流量	比		S	速度、频率	安全	开关或联锁
G	尺寸		玻璃	T	温度		传送
H	手动			U	多变量		多功能
I	电流		指示	V	黏度		阀、挡板
J	功率		扫描	W	重量或力		套管
K	时间		手操器	X	未分类		未分类
L	物位		指示灯	Y	供选用		继动器、计算器
M	水分			Z	位置		驱动、执行

"供选用"的字母是指在个别设计中反复使用，而表中未列出其含义的字母。使用时字

母含义需在具体工程的设计图例中做出规定，第一位字母表示一个含义，而后继字母可表示另一个含义。例如：字母"N"作为第一位字母时表示"位移"，而作为后继字母时则表示"示波器"。

当后继字母选用"A"表示具有报警功能时，应在图形符号圆圈外标明上下限，"H"表示上限报警，"HH"表示上上限报警，"L"表示下限报警，"LL"表示下下限报警。

后继字母"E"表示把变量通过"检测元件"转换成非标准信号。如果把变量转换成标准信号，则后继字母使用"T"。例如：孔板则用"FE"来表示，孔板流量计则用"FT"来表示，而弹簧管压力计则用"PI"来表示。

字母"U"表示"多变量"时，可代替两个以上第一位字母的含义，当表示"多功能"时，则代替两个以上功能字母的组合。

"未分类"字母"X"，指在个别设计中仅使用一次或在一定范围内使用，故在表1-1中未列入其含义的字母。当"X"同其他字母一起使用时，除了具有明确含义外，否则应在图形符号圆圈外标明具体含义。例如："XT"可以表示应力变送器，"TX"可以表示温度非线性修正。

后继字母"Y"表示"继动器、计算器"功能时，应在图形符号圆圈外标明它的具体功能。例如："Y"表示开方时，应在图形符号圆圈外标明"$\sqrt{\ }$"。

任务1.1.2 流程图的识别

在带控制点的工艺流程图中，所有的控制方案和功能都通过图形符号来表示。采用图形符号具有如下优点。

① 布局整齐、清晰；
② 易于表达设计意图；
③ 便于阅读；
④ 能交流技术思想。

检测、控制、显示等仪表在带控制点的工艺流程图中用一个直径为10mm的细实线圆圈来表示，传递检测或控制的信号用细实线。

$\overset{PI}{\underset{201}{\bigcirc}}$ 表示该压力指示仪表安装在生产现场装置上。

$\overset{AI}{\underset{201}{\ominus}}$ 表示该分析指示仪表安装在集中仪表盘面正面。

$\overset{TICA}{\underset{201}{\boxminus}}$ 表示该温度指示控制报警采用集散控制系统。

思考与练习

图1-1中，表示＿＿＿＿＿＿；

$\overset{H}{\underset{L}{\overset{LRCA}{\underset{201}{\bigcirc}}}}$ 表示＿＿＿＿＿＿＿＿＿＿＿＿＿＿。

知识拓展

控制系统的图例符号有很多，还分为模拟仪表图例符号和集散控制系统图例符号，模拟仪表图例符号如表1-2。

表1-2 模拟仪表图例符号

名称	图形符号	名称	图形符号
就地安装仪表	○	电磁执行机构	S
集中仪表盘面安装仪表	⊖	电动机执行机构	M
就地仪表盘面安装仪表	⊘	带气动阀门定位器的气动薄膜执行机构	
集中仪表盘后安装仪表	⊖(虚线)	带能源转换的阀门定位器的气动薄膜执行机构	
就地仪表盘后安装仪表	⊘(虚线)	能源中断时直通阀开启	
孔板	─∥─	能源中断时直通阀关闭	

仪表盘包括屏式、柜式、框架式、通道式仪表盘和操纵台。

仪表盘后安装的仪表包括盘后面、柜内、框架上和操纵台内安装的仪表。

处理两个或多个被控变量，具有相同功能（如多点温度指示记录仪）或不同功能（如指示记录控制仪）的复式仪表，可以用两个相切的圆圈来表示，如图1-3所示。

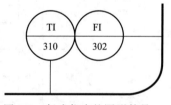

图1-3 复式仪表的图形符号

如果两个测量点在图纸上距离较远，或不在同一张图纸上，则可以用一个细实线圆圈和一个细虚线圆圈相切来表示，如图1-4所示。

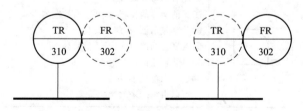

图1-4 测量点较远时的复式仪表的图形符号

图1-1所示图形符号说明见图1-5。

集散控制系统在化工生产过程中已被广泛地使用，而集散控制系统有与常规模拟仪表不同的一些图形符号。集散控制系统的图形符号见表1-3。

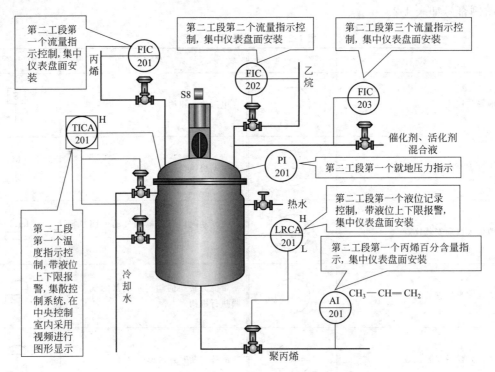

图 1-5 聚丙烯带控制点工艺流程图中控制点的含义

表 1-3 集散控制系统图形符号

功能	图形符号	说 明
正常操作下操作员可以监控		在中央控制室内采用视频进行图形显示，具有： ①共享显示 ②共享显示和显示控制 ③对通信线路的存取受限制 ④在通信线路上的操作员接口，操作员可以存取数据
操作员辅助接口设备		操作者辅助接口装置： ①不装在主操作控制台上，采用安装盘或模拟荧光面板 ②可以是一个备用控制器或手操台 ③对通信线路的存取受限制 ④操作员接口通过通信线路
正常操作下操作员不能监控		操作者不可存取数据： ①无前面板的控制器，共享盲控制器 ②共享显示器，在现场安装 ③共享控制器中的计算、信号处理 ④可装在通信线路上 ⑤通常无监视手段运行 ⑥可以由组态来改变

任务 1.2 认识自动控制（检测）系统

【任务描述】 通过对类似图 1-1 中的聚合反应釜液位控制，熟练掌握手动操作液位的方法和要领，引出自动控制的组成及各组成部分的作用，了解自动控制系统的工作过程。

液态丙烯、液态己烷、催化剂和活化剂混合液分别流入聚合反应釜，为了防止聚合反应釜液位过高或过低，须对液位进行控制。

任务 1.2.1 手动控制液位

按照如图 1-6 所示的类似系统，液体流入和流出均连续，试着通过手动操作流出的阀门，控制液位在 50% 处。

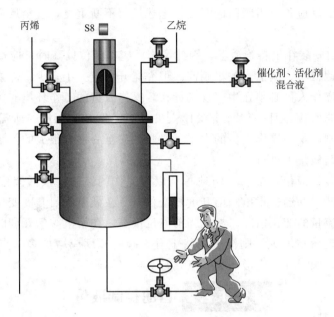

图 1-6 人工控制液位系统

根据操作回答以下问题：
① 完成该操作必须用到哪三个器官？
_____
各个器官完成哪些功能？
器官 1：_____；
器官 2：_____；
器官 3：_____。
② 如果流入量不变，液位高于 50%，应_____流出的阀门，改变开度大小取决于_____。阀门开度是否需要随着液位变化调整？_____。如不调整会出现什么状况？_____。

思考与练习

图 1-6 中，反应釜液位偏低，但丙烯流量在上升，应如何操作液位控制阀门：
_____
_____
_____

知识拓展　操作过程分析

为了保证反应釜液位稳定在规定数值位置，操作人员必须按照液位指示仪表反映的实际液位与规定值的偏差大小来改变反应釜出料阀门的开度，从而达到使反应釜液位符合规定数值。

装在反应釜上的液位指示仪表随时反映着反应釜中的液位，操作人员不断地用眼睛去观察，并由大脑根据观察到的液位与规定的液位进行比较，得出偏差，再根据此偏差的大小和变化的趋势，经过判断、思考，凭经验做出将反应釜出料阀门开度做如何调整的决定，然后发出指令，用手改变反应釜出料阀门的开度。上述过程不断重复，直至反应釜液位符合规定数值为止。

图1-6所示阀门安装在出料管道上，因此，当反应釜液位偏高时，应适当开大阀门，反之，当反应釜液位偏低时，应适当关小阀门。但究竟开大或关小多少，需要有一定的经验。

人工控制要求操作人员必须在生产现场操作，操作人员的工作环境非常差，身体健康受到威胁，劳动强度非常高，且一般每个操作人员只能操作一个阀门，所需的人比较多。同时，人工控制的控制质量与操作人员的水平、经验、甚至心情有很大的关系，所以很难保证生产始终在安全、高质量下进行。

要控制好反应釜的液位，必须不断地总结以往操作的经验，根据液位指示仪表的指示值，做出准确的判断，并迅速得出阀门开度的变化量。在做出阀门开度变化量的时候，还应同时观察三路进料流量的变化情况。如：当前液位偏高，在调整阀门开度时，还要观察进料流量的情况，如进料量在增大，则液位还将上升，阀门开度应增加多一点；如进料量在减小，则液位会下降，阀门开度应增加少一点，甚至可以不改变。

任务1.2.2　自动控制液位

自动控制是为了弥补人工控制的缺陷，依据人工手动控制操作特点，用仪表来代替操作人员的工作，从而达到生产自动进行的目的。在人工控制中，操作人员的眼、脑、手分别起着观察、思考、执行三种功能，如果这三个功能由一套自动控制仪表来完成就实现了自动控制，如图1-7所示。

(1) 自动控制系统的工作过程

安装在生产现场的液位传感器，测量反应釜的液位并转换成电信号（如4～20mA），通过信号线传送到控制室，由安装在控制室仪表屏上的显示记录仪表指示出反应釜的液位，便于操作人员了解，同时该测量信号又输入控制器，控制器把测量信号与内部自己产生的代表反应釜规定液位的设定信号进行比较，得出偏差，并按事先设定的控制规律进行运算，得出控制指令，由信号线送至安装在现场的阀门，阀门改变开度，使聚丙烯排出流量发生变化，从而达到稳定液位的目的。

在自动控制中，对被控变量的观察是由传感器来完成的，传感器代替了人的眼睛；对被控变量的判断、思考，得出控制指令是由控制器来完成的，控制器代替了人的大脑；控制指令的最终执行是控制阀，控制阀代替了人的手。所以，自动控制就是由仪表来代替人的工作，减少了操作人员数量；并把操作人员从操作现场脱离出来，改善了操作人员的工作环境，减轻了操作人员的劳动强度；同时，自动化控制系统的控制质量一般较人工控制要高。

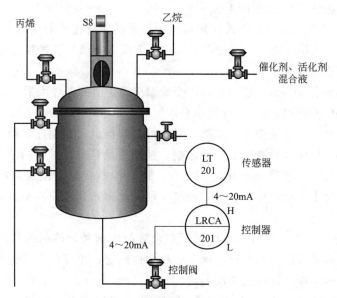

图 1-7 自动控制液位系统

但值得注意的是：自动控制不能完全取代人工操作，在仪表控制不能进行处理的时候，操作人员需要进行人工干预、操作，所以，自动控制对操作人员的要求提高了。

(2) 自动控制系统的组成及方框图

自动控制系统按照生产过程对产品质量的要求不同和生产设备的差异情况，可以组成各种简单或复杂的控制系统。

如图 1-6 所示就是一个简单控制系统。从图中可以看出，一个简单控制系统主要由两大部分组成：一部分是起控制作用的自动控制仪表，它包括传感器、控制器和控制阀；另一部分是需要完成工艺过程的技术装备，称为被控对象，本例为聚合反应釜。在一个自动控制系统中，以上四个部分是必不可少，除此之外，还有一些附属仪表，如显示、运算、报警等类别仪表。

在自动控制系统的分析中，为了更清楚地表示出系统各个组成部分之间的相互影响和信号联系，一般都用方框图来表示自动控制系统。图 1-8 为简单控制系统的方框图。

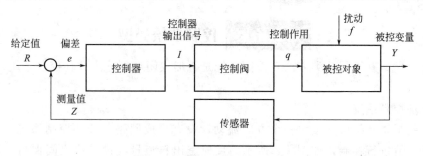

图 1-8 简单控制系统的方框图

自动控制系统的方框图与带控制点的工艺流程图是有区别的，自动控制系统的方框图反映的是控制系统各组成部分的信号联系，图中带箭头的直线代表信号的作用方向，并不是具体的流体流入或流出。而带控制点的工艺流程图反映的是管路、设备、仪表等情况，图中的直线代表工艺物料的流动方向。

(3) 自动控制系统中常用的术语

① 被控变量　按照工艺要求，需要加以控制，使其保持在预定变化范围内的某些变量。通常有温度、压力、流量、液位、成分等，图1-6为反应釜液位。被控变量是被控对象的输出，同时又是传感器的输入。

② 扰动　在自动控制系统中能引起被控变量偏离设定值的外界因素。如图1-7中的丙烯、乙烷或催化剂和活化剂混合液流量。扰动也是被控对象的输入，它使被控变量发生偏离。

③ 控制变量　又称为操纵变量。控制变量受控制器操纵，利用控制阀去改变物料或能量流量的大小，从而克服扰动对被控变量的影响。控制变量是被控对象的输入信号，它将影响被控变量，使之重新回到规定的变化范围之内，同时控制变量也是控制阀的输出信号，所以，控制阀开度的变化也就意味着有一个控制变量变化输入到被控对象。如图1-7中的反应釜出料流量。

④ 设定值　代表工艺上提出的被控变量要求数值的信号，控制的目的就是使被控变量等于设定值。设定值可以由控制器自己产生，称为内给定；也可以由其他仪表提供，称为外给定。内、外给定的选择应视系统情况而定。

⑤ 测量值　反映被控变量大小的信号，它是传感器的输出。目前使用的测量变送器输出的为4～20mA的标准直流电流电信号。也可以是热电偶的热电势、热电阻的电阻值以及其他脉冲信号。

⑥ 偏差　设定值与测量值之差，偏差的大小反映了被控变量偏离设定值的程度。偏差是由控制器内部的比较机构来实现的。

⑦ 控制器输出信号　控制器根据偏差的大小和方向，利用事先设定的控制规律运算得到的控制指令。控制器的输出信号被加到控制阀上，决定了控制阀的开度，所以，控制器的输出信号又称为阀位。

思考与练习

① 控制器的输入信号从_____来；
② 控制器对得到的信号进行_____；
③ 控制阀的开度由_____来决定；
④ 传感器把_____转换成_____。

知识拓展　控制系统类型

控制系统类型有不同分类方法，按照系统是否形成闭环，分为开环控制系统、闭环控制系统。

(1) 开环控制系统

开环控制系统是指信号按照一个方向流动，没有形成回路。开环控制系统有两种形式，一种是按设定值进行控制，如图1-9所示。反应釜出料流量与设定值之间保持一定的关系，反应釜出料流量跟随设定值变。另一种是按扰动进行控制，即所谓的前馈控制系统，如图1-10所示。在聚合反应釜中，负荷是影响液位的主要扰动，即反应釜液位偏离设定值的主要原因是丙烯、乙烷或催化剂和活化剂混合液的流量发生变化，则可使反应釜出料流量跟随三路物料中发生变化的一路流量的变化按照一定规律改变。如果有二路或三路流量都发生变化，显然，该控制方法无法满足要求。

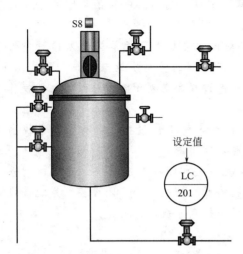
图 1-9 按设定值控制的开环控制系统

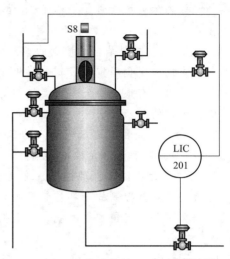
图 1-10 按扰动控制的开环控制系统

由于上述两种控制系统均仅根据过程中的一种因素变化采取控制,而不是根据被控变量的实际变化情况进行控制,所以最终控制是否达到要求是无法保证的,控制质量差。

(2) 闭环控制系统

闭环控制系统又称反馈控制系统,它把被控变量通过传感器测量后引入到输入端与设定值进行比较,产生偏差,并按偏差的大小进行控制,所以,它组成了完整的回路,如图 1-7 所示。闭环控制系统的最大优点就是控制质量较高,从理论上讲被控变量最终必定可以等于设定值。

闭环控制系统按设定值的不同可分成三种类型。

① 定值控制系统 设定值恒定不变的控制系统。定值控制系统的主要任务是克服扰动对被控变量的影响,即在扰动作用下仍能使被控变量保持在设定值上。图 1-7 就是一个定值控制系统,控制系统的目的是使聚合反应釜的液位保持在设定值上不变。化工生产中的自动控制系统大多数都是定值控制系统。

② 随动控制系统 也称为自动跟踪系统。设定值的大小、方向都是其他变量随机变化的。随动控制系统的主要任务是使被控变量能够尽快地、准确地跟踪设定值的变化。随动控制系统在化工生产中使用较少,但在国防自动化、工业自动化等领域使用非常广泛,如导弹控制系统。

③ 程序控制系统 设定值按事先已知的规律变化,即是一个已知的时间程序。在化工生产中,间歇反应器、玻璃熔化炉等都是程序控制系统。

小 结

1. 带控制点的工艺流程图描述了设备、管路、仪表、控制等情况,读懂带控制点的工艺流程图,是了解系统并确保正确操作的必要保证,实现高质、优产的基本前提。

2. 带控制点的工艺流程图中,控制情况使用图形符号来表示,熟悉图形符号是读懂带控制点的工艺流程图前提。从图形符号上可以区分出是常规模拟仪表控制,还是计算机集散控制系统;可以知道该仪表是安装在现场,还是控制室,是在仪表屏的正面,还是背面。

3. 仪表位号表示出了控制点的信息。位号由英文字母和阿拉伯数字组成。位号的第一位英文字母表示被控变量，后继 1~5 位英文字母表示仪表的功能。阿拉伯数字的第一位表示工段号，后续 2~3 位数字为回路顺序号。

4. 人工手动控制是自动控制的前提和保证，自动控制在投入运行前都必须通过人工手动控制，使被控变量稳定在设定值附近才能投运。人工控制的控制质量与操作人员的水平、经验，甚至心情有很大的关系，要控制好一个工业生产过程，必须不断地总结以往的操作经验，做出准确的判断。

5. 自动控制是由仪表来代替人的工作，由仪表模仿人的工作过程。自动控制系统由传感器（眼睛）、控制器（大脑）、控制阀（手）和被控对象组成。

6. 按照有无反馈，自动控制系统可分为开环控制系统和闭环控制系统。开环控制系统又可分为按设定值控制的开环控制系统和按扰动控制的开环控制系统。闭环控制系统按设定值的不同又可分为定值控制系统、随动控制系统和程序控制系统。

习题

1-1 试解释下列位号 TE-201、LRCA-305、FQS-109、AIC-110、PV-101 的含义。
1-2 自动控制系统主要由哪些环节组成？
1-3 在自动控制系统中传感器、控制器、控制阀各起什么作用？
1-4 试分别说明什么是被控变量、设定值、测量值、操纵变量、阀位？
1-5 什么是扰动作用？什么是控制作用？试说明两者的关系。
1-6 什么是开环控制系统？什么是闭环控制系统？
1-7 什么是定值控制系统？什么是随动控制系统？
1-8 如图 1-6 所示的聚合反应釜液位系统，现反应釜液位偏低，并且液态丙烯流量在减小，液态己烷流量在增加，催化剂和活化剂混合液流量不变，试分析反应釜出料流量阀应如何调整开度？
1-9 试指出下列带控制点的工艺流程图中各图形符号的含义。

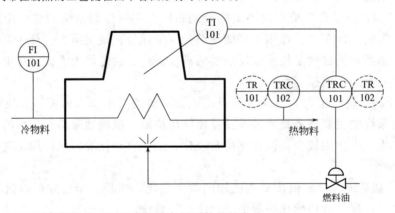

1-10 试指出下列带控制点的工艺流程图中各图形符号的含义。

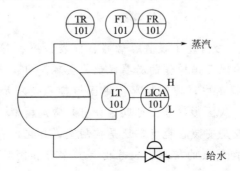

项目2 操作压力容器的压力控制系统

【项目描述】 你将进入某化工厂,作为压力容器岗位的工艺操作工,你应首先熟悉整个工艺过程,知道各种压力测量方法,会使用常用压力测量仪表,知道电动显示仪表、电动控制器的用途,能熟练操作电动控制器,认识气动控制阀,能完成压力控制系统的投运和熟练操作。

【项目学习目标】
① 理解测量误差以及测量仪表的质量指标,会进行误差计算;
② 学会常用压力测量仪表的使用;
③ 学会操作模拟和数字控制器;
④ 学会压力容器的手动操作,并能进行自动控制系统的投运。

图 2-1 为一压力容器的压力定值控制系统。

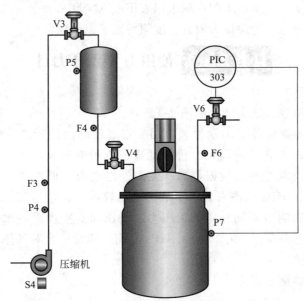

图 2-1 压力定值控制系统

透平式气体压缩机将空气压力压缩至 $P_4=0.35$MPa(表压),以流量 F3 通过阀门 V3 流入缓冲罐。缓冲罐罐内压力为 P5,缓冲罐出口流量 F4,通过阀门 V4,流入釜式反应器,釜式反应器内压力为 P7。工艺要求釜式反应器内压力 P7 控制在 0.28MPa(表压),通过控制出口阀门 V6,改变反应器的出口流量 F6,使压力符合工艺要求。

任务 2.1 使用压力检测仪表

【任务描述】 理解测量误差的种类和表示方法,知道测量仪表的质量指标。认识常用压力计和压力变送器,熟练使用常用压力计,熟悉常用压力计和压力变送器的安装要求,知道常用压力计和压力变送器的选用原则,能判别常用压力计和压力变送器的常见故障。

压力也就是压强。它是气体或液体均匀垂直地作用于单位面积上的力。

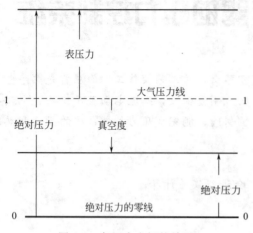

图 2-2 各压力之间的关系

在国际单位制(SI 制)中,压力的单位为牛顿/米^2,记作 N/m^2,称为"帕斯卡",符号为 Pa,简称为"帕"。它的物理意义为 1N 的力垂直作用在 1m^2 的面积上所产生的压力。

在压力测量中,压力又分为绝对压力、表压力和真空度,它们之间的关系如图 2-2 所示。

绝对压力是相对于国际标准绝压"零"基点的压力的大小。

表压力是指压力高出大气压力的部分。

$$P_{表} = P_{绝} - P_{大}$$

真空度是指压力低于大气压力的部分。

$$P_{真空} = P_{大} - P_{绝}$$

由于各种生产设备和测量仪表都处于大气压之中,对生产具有实际意义的是设备中的压力比大气压力高或低多少,所以工程中均采用表压或真空度来表示。工程上所提到的压力如没有特别说明都是指表压,绝对压力或真空度须特别予以说明。

任务 2.1.1 使用 U 型管压力计

(1) U 型管压力计

U 型管压力计属液柱式压力计,如图 2-3 所示。

U 型管压力计是根据流体静力学原理,用一定高度的液柱所产生的静压力平衡被测压力的方法来测量的。由于它结构简单、价格低廉、使用寿命长,若无外力破坏可永久使用、读取方便、数据可靠、无需外接电力(即无需消耗任何能源),而且在 0.1MPa 范围内其测量准确度比较高,并可通过注入不同的工作液而灵活地测量不同介质的正压力、差压和真空度。以水作为介质时一般的测量范围在:$-9.8 \sim +9.8$kPa 之间,非常适合对气体介质的低压和微压的测量。

U 型管压力计的测量公式为,

$$P = (\rho_1 - \rho_2)hg$$

式中 P——被测介质的压力;

ρ_1——工作液的密度;

ρ_2——被测介质的密度;

h——液柱高度差;

g——当地重力加速度,一般取 9.8m/s^2。

图 2-3 U 型管压力计

在测量时，被测介质和工作液的密度是不变的常数，U 型管压力计的液柱高度差与被测表压力成正比。注意在测量过程中被测介质和工作液的密度变化将产生测量误差。

（2）使用 U 型管压力计

操作训练

按照图 2-4 连接 U 型管压力计，并读取测得压力数值，填写在表 2-1 中，与教师或同组同学读数的平均值比较，计算自己的测量误差。

由于 U 型管压力计两边玻璃管的内径很难保持完全一致，因此在读取数值时为限制引入附加误差，U 型管压力计应垂直放置，并同时读取两管的液面高度，视线应与液面平齐，读数应以液面弯月面顶部切线为准，由于毛细管和液体表面张力的作用，引起玻璃管内的液面呈弯月面，如果工作液对管壁是浸润的，则在管内形成下凹的曲面，读数时要读凹面的最低点；如果工作液对管壁是非浸润的（水银），则在管内形成上凸的曲面，读数时要读凸面的最高点，如图 2-5 所示。

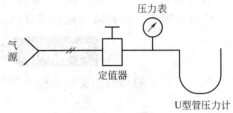

图 2-4 U 型管压力计压力测试连接图

表 2-1 U 型管压力计测量数据表

标准值（平均读数）	测量值（本人读数）	绝对误差	相对误差

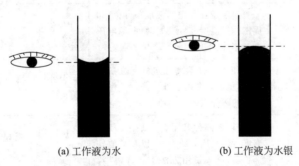

(a) 工作液为水　　　(b) 工作液为水银

图 2-5 U 型管压力计的读数

U 型管压力计必须同时读取两边玻璃管的液面高度，不允许采用只读取一边玻璃管的变化数值再乘 2 的做法。

一般 U 型管压力计单次读数的误差在 1mm 左右，如果是二次读数则在 2mm 左右。U 型管压力计的测量精度由测量范围和被测压力的大小以及工作液的选取所决定。在高度一定时若想提高其测量精度和灵敏度，应选取密度低的工作液。

U 型管压力计的工作液柱量为标尺刻度的 1/2 处为好，常用的 U 型管压力计工作液有水、水银、酒精、四氯化碳、三溴甲烷等。U 型管的高度最高达到 1200mm，便于读数。

U 型管压力计的 U 型管是用高硼玻璃加工而成，其物理和化学性质稳定，透明度好且不易碎裂，安装架是用优质木材加工的平板，可根据现场工作需要在上面灵活地钻孔和安装挂钩等配件。

U 型管压力计的安装可悬挂在墙壁和安放在工作台上，再用橡胶软胶管将被测介质接口与 U 型管的一个或两个管口连接，安装中应注意尽可能地保持垂直，这样可提高测量精度。

使用中应注意被测压力必须小于或等于 U 型管压力计的测量范围的上限值，以防工作液冲出玻璃管口。并注意保持 U 型管压力计管内壁及工作液的清洁纯净，不用时应将橡胶软胶管口扎紧或用纱布或者棉花堵住管口，以免影响测量精确。

知识拓展 测量误差及其表示方法

对工艺变量的测量是实现生产控制的必要保证，测量的准确程度直接决定了控制质量的高低。

各种测量就其本质看，都是一个能量形式的转换和比较过程，在这个过程中始终存在着各种各样的影响因素，这些因素主要包括测量器具（仪器、仪表）本身的结构、工艺、调整以及磨损、老化等因素；测量方法（或理论）不十分完备，只能采用近似测量方法和近似计算方法；测量环境的各种条件，如温度、气压、电场、磁场、振动在不断的发生着变化；观测者的主观因素和实际操作，诸如眼睛的分辨能力、视差和反应速度、个性和情绪等各个方面的差异的存在和变化使得所测得的数值与被测变量的真实值之间存在着一定的差别，因此，在测量中产生误差是不可避免的。

（1）测量误差的种类

测量误差的种类见表 2-2。

表 2-2 测量误差的种类

分类		产生原因	特点	处理方法
按使用条件	基本误差	测量系统在规定的标准条件（例如周围介质温度、湿度、振动、电源电压和频率等）下使用时所产生的误差	大小一定、方向一致	不可避免，选择更好仪表和测量方法
	附加误差	在使用条件偏离规定的标准条件时，测量装置会由于外界条件的影响产生的额外误差	大小不定、方向不定	按照仪表使用条件
误差产生规律	系统误差	材料、零部件及工艺的缺陷；环境温度、湿度、压力的变化，以及其他外部扰动；仪表使用方法不正确，以及使用条件与要求不符等	某种固定规律变化、大小一定、方向一致	找出系统误差产生的原因，掌握其规律，通过引入修正值加以消除
	随机误差又称为偶然误差	随机误差是由尚未被认识和控制的规律或因素所导致的，如在测试场所附近有测量人员不知道的大型电动机，大型电动机产生的电磁场造成的误差就属于随机误差	产生原因、大小、时间等都无法确定	增加测量次数多，计算平均值
	粗大误差	原因是有关工作人员的操作不慎、失误或粗心、计量器具的失准以及影响因素超出所规定的值或范围等	结果显著地偏离真实值	将相应的数据从检测数据中剔除，加强责任心

续表

分类		产生原因	特点	处理方法
误差产生时间	静态误差	仪表本身、测量方法的缺陷和仪器精度低	指示值稳定,误差不变	改善测量方法,选择精度高仪表
	动态误差	仪表的反应时间	误差随时间变化	选择时间常数合适的仪表

（2）测量误差的表示方法

测量误差的大小一般可用绝对误差和相对误差来表示。

① 绝对误差　绝对误差 Δx 是指仪表的指示值 x_i 与被测值的真实值 x_0 之差。即：

$$\Delta x = x_i - x_0$$

被测值的真实值 x_0 在一般情况下是不知道的，因此，在实际应用时，都是用标准值来代替真实值进行计算。标准值就是同时用测量精度比被校表高二级的标准表测量的读数。

绝对误差能表示出被测值与真实值之间相差多少，但是不能反映出测量值的准确程度。表 2-3 为一组仪表测试数据的绝对误差计算表。

表 2-3　绝对误差计算表

	A 表	B 表	C 表
被测值 x_i	9	999	100.5
真实值 x_0	10	1000	100
绝对误差 Δx	−1	−1	0.5

A 表和 B 表的绝对误差一样，比 C 表大。误差大小与正负无关，正负仅代表方向，误差为正表示测量值比真实值大，误差为负表示测量值比真实值小，偏大和偏小都不好，绝对数值越小越好。

从表 2-3 的计算结果来看，C 表的绝对误差最小，可是从大家的经验可以知道 B 表的准确程度要高于 C 表。

② 相对误差　相对误差 γ 是指绝对误差 Δx 与真实值 x_0 的百分比。即：

$$\gamma = \frac{绝对误差}{真实值} \times 100\% = \frac{\Delta x}{x_0} \times 100\%$$

表 2-4 为一组仪表相对误差计算表。

表 2-4　相对误差计算表

	A 表	B 表	C 表
被测值 x_i	9	999	100.5
真实值 x_0	10	1000	100
绝对误差 Δx	−1	−1	0.5
相对误差 γ	−10%	−0.1%	0.5%

由相对误差计算表可见表 B 表最准确，C 表其次，A 表最不准确。

③ 相对百分误差　相对百分误差是指在测量范围内的最大绝对误差 Δx 与测量仪器的量程的百分比：

$$\delta_{max} = \frac{\text{仪表的最大绝对误差}}{\text{仪表的量程}} \times 100\% = \frac{\Delta x_{max}}{B} \times 100\%$$

思考与练习

① 测量值为 0.5MPa，真值为 0.505MPa，绝对误差为_____，相对误差为_____；

② 绝对误差小测量结果一定_____，相对误差小测量结果一定_____；

③ 压力高于大气压用_____表示，压力低于大气压用_____表示；

④ U 型管压力计的工作液是水，读数时应读_____，U 型管压力计的工作液是水银，读数时应读_____；

⑤ U 型管压力计应_____次读数。

知识拓展　压力单位换算

各种压力单位之间的换算关系，列于表 2-5，便于查阅对照。

表 2-5　压力单位换算表

单位	帕 Pa(N/m²)	巴 Bar	毫米水柱 mmH₂O	标准大气压 atm	工程大气压 kgf/cm²	毫米汞柱 mmHg	磅力/英寸² lbf/m²
帕 Pa(N/m²)	1	1×10⁵	1.019716×10⁻¹	0.9869236×10⁻⁵	1.019716×10⁻⁵	0.75006×10⁻²	1.450442×10⁻⁴
巴 bar	1×10³	1	1.019716×10⁻⁴	0.9869236	1.019716	0.75006×10³	1.450442×10
毫米水柱 mmH₂O	9.80665	0.980665×10⁻⁴	1	0.9678×10⁻⁴	1×10⁻⁴	0.73556×10⁻¹	1.4223×10⁻³
标准大气压 atm	1.01325×10⁵	1.01325	1.033227×10⁴	1	1.033227	0.76×10³	1.4696×10
工程大气压 kgf/cm²	9.80665×10⁵	0.980665	1×10⁴	0.9678	1	0.73556×10³	1.422398×10
毫米汞柱 mmHg	1.333224×10²	1.333224×10⁻³	1.35951×10	1.316×10⁻³	1.35951×10⁻³	1	1.934×10⁻²
磅力/英寸² lbf/m²	0.68049×10⁴	0.68049×10⁻¹	0.70307×10³	0.6805×10⁻¹	0.70307×10⁻¹	0.51715×10²	1

任务 2.1.2　使用弹簧管压力计

(1) 弹簧管压力计

图 2-6 所示为弹簧管压力计。弹簧管压力计是工业上使用最广泛的一种作为现场指示用的压力计。

图 2-7 为弹簧管压力计的结构图。当被测压力通入弹簧管后，弹簧管产生弹性变形，自

由端会产生位移,通过连杆 2 带动扇形齿轮 3 逆时针偏转,齿轮的啮合使中心齿轮 4 做顺时针偏转,与中心齿轮同轴的指针 5 也随之做顺时针偏转,在刻度盘 6 上指示出被测压力值 P。

图 2-6 弹簧管压力计

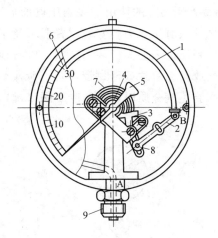

图 2-7 弹簧管压力计的结构

1—弹簧管;2—连杆;3—扇形齿轮;4—中心齿轮;
5—指针;6—刻度盘;7—游丝;8—调整螺钉;9—接头

弹簧管的自由端位移与压力在一定范围内呈线性关系,因此压力表的刻度是均匀的线性刻度。

游丝 7 用来消除扇形齿轮和中心齿轮之间的啮合间隙所产生的变差,并使指针自动回零。

改变指针和中心齿轮输出轴的角度,可以对压力表进行调零;改变调整螺钉 8 的位置,就改变了扇形齿轮主动力臂的长度,从而改变了机械传动的放大倍数,可以实现对压力表的量程调整。

(2) 弹簧管压力计的使用

① 弹簧管压力计的选用 压力计按照被测压力和工艺介质两方面来选择。如测量介质无腐蚀性时,选择普通压力计;测量氨气压力时,必须选用不锈钢弹簧管的氨用压力计,而不能采用普通铜质材料的普通压力计,主要是氨对铜具有较强的腐蚀作用;测量氧气压力时,选择氧气压力计,同时严禁沾有油脂,以防爆炸。一般被测压力 $P<20$ MPa 时,采用磷青铜或黄铜;$P>20$ MPa,则采用不锈钢或合金钢材料;测量负压时,选用真空表。

为了明确区分压力计适用于哪些介质,通常在压力计的外壳上用颜色来标注,如表 2-6 所示。

表 2-6 弹簧管压力计的颜色标注含义

被测介质	氨气	氧气	氢气	燃料气	乙炔	惰性气体
标注颜色	黄色	天蓝色	浅绿色	红色	白色	黑色

为保证弹簧管工作在线性区,一般规定,测量稳定压力时,应使被测压力在该表量程的 1/3~3/4 之间;被测压力脉动时,宜在 1/3~2/3 之间;测量高压时,应在 1/3~3/5 之间。

被测压力小于量程的 1/3，测量误差较大；被测压力大于量程的 3/4（或 2/3 或 3/5）压力计容易损坏，从而影响使用寿命。目前常见压力表的量程有 0.1、0.16、0.25、0.6、1、1.6、2.5、4、6、16、25、40、60MPa×10^n 等。

② 弹簧管压力计的使用　在测压点前后要有足够的直管段，介质流动方向应与取压口垂直，使之反映真实压力，安装位置要求便于观测和维护。

取压口到压力表之间应装切断阀，以备检修时使用，切断阀应装在靠近取压口的地方。连接处应安放密封垫片或密封带，防止泄漏。

检测高温蒸气介质时，要加冷凝圈（罐），以防止高温介质与检测元件直接接触，如图 2-8 所示。

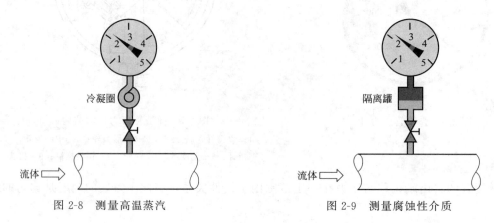

图 2-8　测量高温蒸汽　　　　　　　　图 2-9　测量腐蚀性介质

检测腐蚀性介质时，应加隔离罐，避免腐蚀性介质腐蚀检测元件，如图 2-9 所示。

测量蒸汽或液体的压力计投入后，如指针指示不稳定或有跳动现象，一般是导压管内有空气，如装有放气阀的可打开放气阀排气；未装放气阀的，可关闭切断阀，将仪表接头稍稍松开，再稍稍打开切断阀，放出管内空气，待接头有液体流出后，再关紧切断阀，拧紧接头，重新投入仪表。

真空压力表投入后，应进行严密性试验，在正常状态下，关闭切断阀，五分钟内指示值的降低不应大于 30%。

弹簧管压力计的传动装置中如牙齿有锈蚀、磨损或齿间有毛刺、污物存在，将会导致压力表滞针和跳针。

知识拓展　测量仪表的质量指标

描述测量仪表质量好坏的指标有很多，在此，介绍最常用的几个质量指标。

(1) 精确度

测量误差可用绝对误差和相对误差来表示，但仪表的绝对误差和相对误差在测量范围内的不同点上是不同的，要代表整个仪表的误差必须采用整个测量范围内的最大值，这就是精确度。

精确度一般简称为精度，它反映的是一台仪表对某个变量进行测量时可能出现的最大误差。

表示仪表准确度时常采用最大绝对误差与仪表量程的比值百分数，即最大百分误差 δ_{max} 来表示。δ_{max} 又称为引用误差。

$$\delta_{\max} = \frac{\text{仪表的最大绝对误差}}{\text{仪表的量程}} \times 100\% = \frac{\Delta x_{\max}}{B} \times 100\%$$

仪表最大百分误差也是仪表在按要求使用时的允许误差。

精度是用等级来表示的，把引用误差中的±号和百分号去掉，换成级即为精度等级。例如，某表允许误差为 1.5%，则该表称为 1.5 级表。

为了统一和规范，在化工检测中把精度等级规定为一组系列值，中国生产的化工检测仪表精度等级系列值为Ⅰ级（0.005，0.02，0.05）、Ⅱ级（0.1，0.2，0.4，0.5）、Ⅲ级（1.0，1.5，2.5，4.0等）。

在选用仪表精度等级时，应根据需要来定，不能只追求高精度等级而造成不必要的浪费。

仪表的精度等级不但与最大绝对误差有关，还与仪表的量程有关。所谓量程，即仪表可以检测变量的上限值与下限值之差。如某仪表的检测范围为 2~10kPa，则该表的量程为 8kPa。在确定仪表的精度等级的同时，要考虑到仪表的量程。

【例 2-1】 现拟对图 2-1 中反应釜压力 P7 选用一台压力变送器，要求压力变送器的测量范围为 0~1MPa，测量时最大绝对误差不能超过±0.012MPa，试选择该压力表的精度等级？

解： 根据公式，先算出引用误差为

$$\delta_{\max} = \frac{\text{仪表的最大绝对误差}}{\text{仪表的量程}} \times 100\% = \frac{\Delta x_{\max}}{B} \times 100\% = \frac{+0.012}{1-0} \times 100\% = +1.2\%$$

把百分号去掉即为精度等级，但在国家规定的精度等级系列值中没有 1.2 这一等级。因此只能选用精度等级为 1.0 级的表。

【例 2-2】 图 2-1 中反应釜压力 P7 选用了一台测量范围为 0~1MPa 的压力变送器，经校验发现最大绝对误差为±0.012MPa，试确定该压力表的精度等级？

解： 根据公式，先算出引用误差为，

$$\delta_{\max} = \frac{\text{仪表的最大绝对误差}}{\text{仪表的量程}} \times 100\% = \frac{\Delta x_{\max}}{B} \times 100\% = \frac{+0.012}{1-0} \times 100\% = +1.2\%$$

把百分号去掉即为精度等级，但在国家规定的精度等级系列值中没有 1.2 这一等级。因此只能把该表定为 1.5 级。

【例 2-3】 已知图 2-1 中反应釜压力 P7 的压力在 0.28MPa 左右，现有两台压力变送器，一台测量范围为 0~1MPa，精度等级为 1.0 级；另一台测量范围为 0~5MPa，精度等级为 0.5 级，问选用哪一台压力变送器比较合适？

解： 1.0 级的表，

最大绝对误差 $= \delta_{\max} \times$ 仪表量程 $= 1.0\% \times (1-0) = 0.01\text{MPa}$

0.5 级的表，

最大绝对误差 $= \delta_{\max} \times$ 仪表量程 $= 0.5\% \times (5-0) = 0.025\text{MPa}$

1.0 级，测量范围为 0~1MPa 的压力变送器测量 0.28MPa 的压力测量误差小，所以应选用 1.0 级，0~1MPa 的压力变送器。

总结：

工艺要求的允许误差 ≥ 仪表的允许误差 ≥ 校验所得到的相对百分误差

仪表的精度等级是衡量仪表准确度的一个重要指标。其数值一般都用符号标记在仪表的

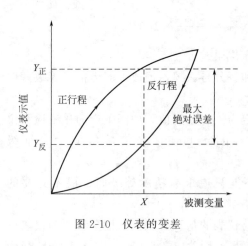

图 2-10 仪表的变差

面板上，如 1.0 标为 ⓘ.0 或 ⚠1.0。

精度等级的数值越小，其精度越高，仪表的价格也就越贵。工业生产中所选仪表的精度等级，一般在 0.5~2.5 级之间。

(2) 变差

变差又称为回差。在外界条件不变的情况下，用同一台仪表对同一个变量进行逐步由小变大和逐步由大变小的测量时，发现在同一个测量点仪表的读数是不同的，即 $Y_正 \neq Y_反$，这种现象称为变差。如图 2-10 所示。

逐步由小变大称为正行程测量，逐步由大变小称为反行程测量。变差的大小用正、反行程在同一测量点的绝对差值的最大值与仪表量程的比值百分数来表示，即：

$$变差 = \frac{(正行程读数 - 反行程读数)_{max}}{仪表量程} \times 100\% = \frac{\Delta Y_{max}}{B} \times 100\%$$

仪表的变差不能超过仪表的允许误差，否则，该表就为不合格。

造成仪表产生变差的原因有很多，但主要是弹性元件的弹性滞后、磁路的磁滞、运动部件间的摩擦齿轮的间隙等。随着仪表制造技术的不断提高，特别是微电子技术的引入，使仪表逐步实现了全电子化，可动部件越来越少，甚至无可动部件，模拟仪表改为数字仪表等，变差变得越来越小，所以变差这个指标在智能仪表中显得不那么重要和突出了。

【例 2-4】 对图 2-1 中测量反应釜压力 P7 的压力变送器，进行特性测试所得到的一组实验数据如下，求精度和变差。

标准表读数/MPa	0	0.2	0.4	0.6	0.8	1
被校表正行程读数/MPa	0	0.214	0.416	0.617	0.816	1.013
被校表反行程读数/MPa	0	0.209	0.401	0.597	0.805	1.011

解： 计算精度时的绝对误差为测量值与标准值之差，由于测量值有正行程读数和反行程读数，所以计算精度时，正、反行程都要计算。如此得到绝对误差如下。

标准表读数/MPa	0	0.2	0.4	0.6	0.8	1
被校表正行程读数/MPa	0	0.214	0.416	0.617	0.816	1.013
被校表反行程读数/MPa	0	0.209	0.401	0.597	0.805	1.011
正行程读数-标准表读数/MPa	0	0.014	0.016	0.017	0.016	0.013
反行程读数-标准表读数/MPa	0	0.009	0.001	-0.003	0.005	0.011
正行程读数-反行程读数/MPa	0	0.005	0.015	0.02	0.011	0.002

仪表的最大绝对误差 Δx_{max} 为 0.017MPa。

仪表的 $(正行程读数 - 反行程读数)_{max} = 0.02MPa$。

$$\delta_{max} = \frac{仪表的最大绝对误差}{仪表的量程} \times 100\% = \frac{\Delta x_{max}}{B} \times 100\% = \frac{\pm 0.017}{1-0} \times 100\% = \pm 1.7\%$$

$$变差 = \frac{(正行程读数-反行程读数)_{max}}{仪表量程} \times 100\% = \frac{0.02}{1-0} \times 100\% = 2\%$$

由于仪表的变差不能超过仪表的允许误差,因此,该表精度应定为2.5级。

(3) 灵敏度和灵敏限

灵敏度是表征仪表对被测变量变化的灵敏程度的指标。或者说是对被测变量变化的反应能力,灵敏度 S 是在稳态下仪表输出(指示值)变化量 $\Delta \alpha$ 与仪表的输入变化量 Δx 的比值,即

$$S = \frac{\Delta \alpha}{\Delta x}$$

仪表的灵敏度高,表示被测变量有很小变化时,仪表指针有较大变化量。

灵敏度也称为"放大比"。增加放大倍数可以提高仪表灵敏度,但灵敏度太高还可能会引起仪表出现振荡现象,造成输出不稳定,因此仪表灵敏度应保持适中。

仪表标尺上的分格值的增多将会造成灵敏度的虚假提高,所以,规定仪表标尺上的分格值不能小于仪表允许误差的绝对值。

仪表的灵敏限是指能使仪表指针发生移动的被测变量的最小变化量。在实际使用时,规定为使仪表指针移动最小刻度值一半的被测变量的变化量。

仪表灵敏限的数值应不大于仪表允许误差绝对值的一半。

思考与练习

① 要求误差不超过2%,应选____级表,已知误差不超过2%的表,应定为____级;
② 压力变化1MPa指针转30°的表_____比压力变化1MPa指针转40°的表低;
③ 弹簧管的横截面不能是____形的;
④ 弹簧管压力计与取压口之间必须装_____;
⑤ 测量氧气的压力计不能带_____。

任务2.1.3 使用微型压力计

微型压力计主要是用在安装位置比较狭小的场合,图2-11就是一个微型压力计。

图 2-11 微型压力计

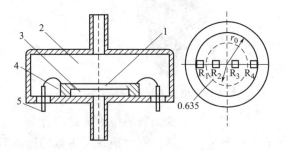

图 2-12 扩散硅压力计的结构
1—硅平膜片;2—低压腔;3—高压腔;4—硅杯;5—引线

图2-12所示是一种干式陶瓷扩散硅压力计的结构图,这类微型差压计具有精度高、体积小、灵敏度高等特点。目前已可生产出 $\phi 1.8 \sim 2mm$ 的微型压力计。

扩散硅式压力计的传感器部分是压阻式压力传感器,它是基于半导体的压阻效应,将单晶硅膜片和电阻条采用集成电路工艺结合在一起,构成硅压阻芯片。将4个硅压芯片按一定

规则贴在硅平膜片上,并构成桥式测量电路。受压后,膜片的变形使扩散电阻的阻值发生变化,电桥就有不平衡电压输出。被测压力变化越大,电桥不平衡程度越大,电桥的不平衡输出电压也越大,然后通过转换电路得到 4～20mA 的标准直流电流信号输出。

为了补偿温度效应的影响,一般还可在膜片上沿对压力不敏感的晶向生成一个电阻,这个电阻只感受温度变化,可接入桥路作为温度补偿电阻,以提高测量精度。

思考与练习

① 在扩散硅压力计中,被测压力发生变化使扩散硅电阻发生改变,测量电阻使用_____。

② 扩散硅式压力计的传感器部分是压阻式压力传感器,它是基于半导体的_____。

任务2.1.4 使用压力变送器

（1）电容式压力变送器

随着生产自动化程度的不断提高,压力测量仅能就地指示已远远不能满足生产的需要,能将压力转换成能够远传的电信号的压力变送器得到了越来越广泛的使用,以便对生产进行集中检测和控制。

目前最常用的压力变送器有电容式和扩散硅式两大类。图 2-13 所示为一电容式压力变送器。

电容式压力变送器是将被测压力通过弹性元件的位移转换成电容量的变化,并通过检测和放大电路将电容量的变化转换成 4～20mA 的标准直流电流信号。

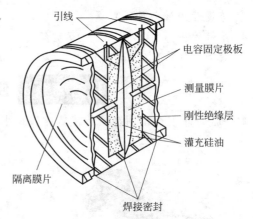

图 2-13　电容式压力变送器　　　　图 2-14　电容式压力变送器的内部构造

电容式压力变送器的压力传感部分是一个膜盒,如图 2-14 所示,膜盒用隔离膜片密封,在其内部充满硅油。刚性绝缘层内侧的凹球面形金属作为固定电极,中间被夹紧的弹性平膜片（测量膜片）作为可动电极,从而组成两个电容器。当被测压力变化时,隔离膜片感受两侧压力的作用,通过硅油传压使弹性膜片产生位移,当差压增大时,可动极板将向低压测靠近,测量膜片产生位移而改变两极板间的距离,从而引起两侧电容器电容量的改变,测量出相应的电容量变化,并转换成 4～20mA 的标准直流电流信号输出,就可知被测压力值。

（2）智能压力变送器

随着电子技术和计算机技术的迅猛发展,近期又出现了带微处理器、具有通信接口的数字式变送器，在我国称为智能变送器，如图 2-15 所示。

图 2-15　智能压力变送器

图 2-16　手持式手操器

智能压力变送器的测量部分与前面讲的电容式、扩散硅式完全相同，它的信号转换电路实现了数字化处理，带有数字通信功能，可以随时在线调试或修改零位和量程。

智能压力变送器数字和模拟信号混合使用，既有 4～20mA 的标准直流电流输出，又有符合规定协议的数字信号通信。通过如图 2-16 所示的手持式手操器可以设置变送器的位号，调整零点、量程和工程单位等参数，利用组态对变送器的一些特定功能进行设定；另一方面可以把现场参数，如压力值、输出信号、现场设备信息等在手持式手操器上显示出来，使得现场调试非常方便。

采用了微处理器和数字技术，运行的稳定性和可靠性大大提高，精度可达 0.1 级，温度的变化对测量的影响更小，零点更稳定。

智能压力变送器可以对测量系统的工作状态进行自诊断，能对变送器与手持式手操器连接是否良好，操作是否正确，各项设置是否正常，测量值是否超限等项目进行诊断，并将出错信息存储记录下来，还可以通过手持式手操器显示出来，供用户随时了解情况，进行故障排除。

由于智能压力变送器具有优良的总体性能和能够长期稳定工作的能力，所以每五年才需校验一次。智能压力变送器与手持式手操器结合使用，可远离生产现场，尤其是危险或不易到达的地方对变送器进行操作，给变送器的运行和维护带来了极大的方便。

 思考与练习

① 膜盒用隔离膜片密封是为了 ＿＿＿＿＿＿＿＿＿＿＿＿＿＿＿＿＿＿＿＿＿ ；
② 膜盒内部充满硅油是为了 ＿＿＿＿＿＿＿＿＿＿＿＿＿＿＿＿＿＿＿＿＿＿ ；
③ 智能压力变送器通过 ＿＿＿＿＿＿＿ 来进行设置和组态；
④ 智能压力变送器与模拟压力变送器的最大区别是 ＿＿＿＿＿＿＿＿＿＿ 。

知识拓展　变送器信号与工艺变量转换

变送器将工艺变量线性转换成 4～20mA 的标准直流电流。以压力测量为例

$$\Delta I_o = K \Delta P$$

式中，K 为比例常数，当输入压力 P 为测量范围的最小值 P_{min} 时，输出电流 I_o 为 4mA；当输入压力 P 为测量范围的最大值 P_{max} 时，输出电流 I_o 为 20mA，即输入压力 P 从最小值 P_{min} 变化到最大值 P_{max}，输出电流 I_o 从 4mA 变化到 20mA，所以

$$20-4=K(P_{max}-P_{min}) \quad K=\frac{20-4}{P_{max}-P_{min}}=\frac{16}{P_{max}-P_{min}}$$

$$\Delta I_o=\frac{16}{P_{max}-P_{min}}\Delta P$$

因为，$\Delta I_o=I_o-4$，而 $\Delta P=P-P_{min}$，所以，

$$I_o-4=\frac{16}{P_{max}-P_{min}}(P-P_{min})$$

$$I_o=\frac{16}{P_{max}-P_{min}}(P-P_{min})+4$$

同理，可得到液位、流量、温度变送器的输入与输出关系

$$I_o=\frac{16}{L_{max}-L_{min}}(L-L_{min})+4$$

$$I_o=\frac{16}{F_{max}-F_{min}}(F-F_{min})+4$$

$$I_o=\frac{16}{T_{max}-T_{min}}(T-T_{min})+4$$

【例 2-5】 已知图 2-1 中测量反应釜压力 P7 的电容式压力变送器的测量范围为 0～1MPa，现反应釜压力 P7 为 0.6MPa，问电容式压力变送器的输出电流为多少 mA？

解：已知，$P_{min}=0MPa$，$P_{max}=1MPa$，$P=0.6MPa$

$$I_o=\frac{16}{P_{max}-P_{min}}(P-P_{min})+4=\frac{16}{1-0}(0.6-0)+4=9.6+4=13.6mA$$

【例 2-6】 已知某液位测量变送器的测量范围为 5～50cm，现液位变送器的输出电流为 12mA，问液位为多少？

解：已知 $L_{min}=5cm$，$L_{max}=50cm$，$I_o=12mA$

$$I_o=\frac{16}{L_{max}-L_{min}}(L-L_{min})+4$$

$$12=\frac{16}{50-5}(L-5)+4=\frac{16}{45}(L-5)+4=0.36(L-5)+4$$

$$12-4=8=0.36(L-5), \quad L-5=\frac{8}{0.36}=22.2$$

$$L=22.2+5=27.2cm$$

【例 2-7】 已知某温度测量变送器的测量范围为 −50～650℃，①现温度为 300℃，问温度变送器的输出电流为多少 mA？②如温度变送器的输出电流为 10mA，问温度为多少？

解：已知 $T_{min}=-50℃$，$T_{max}=650℃$

① $T=300℃$

$$I_o=\frac{16}{T_{max}-T_{min}}(T-T_{min})+4=\frac{16}{650-(-50)}[300-(-50)]+4=\frac{16}{700}\times 350+4$$

$$=\frac{16}{650-(-50)}[300-(-50)]+4=\frac{16}{700}\times 350+4=8+4=12mA$$

② $I_o=10mA$

$$I_o=\frac{16}{T_{max}-T_{min}}(T-T_{min})+4$$

$$10=\frac{16}{650-(-50)}[T-(-50)]+4=\frac{16}{700}(T+50)+4=0.023(T+50)+4$$

$$10-4=6=0.023(T+50), \quad T+50=\frac{6}{0.023}=262.5$$

$$T=262.5-50=212.5℃$$

变送器的测量范围通常可以改变，测量下限可通过调零装置和零位迁移装置进行调整，零位不准，可由调零装置予以调整准确；需要较大范围改变零位，则由零位迁移装置进行改变。测量上限由量程调整装置来调整。

任务 2.2　使用模拟显示仪表

【任务描述】　知道自动控制系统中各仪表之间的连接式，知道安全火花型控制系统的作用，清楚模拟显示仪表的特点并会使用。

任务 2.2.1　自动控制系统的仪表连接

图 2-17 为反应釜压力 P7 的自动控制系统中各仪表的连接示意图。

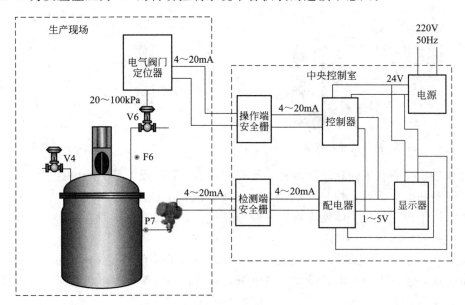

图 2-17　自动控制仪表的连接

压力变送器将反应釜压力 P7 转换成 4～20mA 的标准直流电流信号进入检测端安全栅，又称输入安全栅。安全栅起到了安全隔离的作用，并把该 4～20mA 的标准直流电流信号再传给配电器，配电器是为现场变送器提高电源的，同时将 4～20mA 的标准直流电流信号转换为 1～5V 的标准直流电压信号，提供给控制器和显示器，实现自动控制，并显示出反应釜压力 P7 供操作人员了解生产情况。控制器的 4～20mA 的控制信号经操作端安全栅（也称输出安全栅）隔离后再传给现场的电气阀门定位器，电气阀门定位器将 4～20mA 的控制信号变换成 20～100kPa 的压缩空气信号提供给控制阀，从而改变反应釜的流出流量 V6，达到稳定反应釜压力 P7 的目的。

现场的变送器采用 24V 的直流电源供电，在现场不需要 220V 的交流电，给生产安全提供了非常有利的条件。而且电源和信号采用同一线传递，做到了二线制传输方式，大大节约了导线和安装费。

控制室内仪表之间采用1～5V的标准直流电压，使各仪表之间采用并联方式连接，使线路故障不会影响整个系统；同时，可以实现共同接地，有利于提高仪表的抗扰动能力。

4～20mA和1～5V的标准信号零位不是0，当仪表出现断电、断线等故障时很容易判断，而且很方便使仪表工作在线性段。

任务2.2.2 使用模拟显示仪表

显示仪表将变送器送来的代表工艺变量的信息显示出来，以便操作人员了解生产情况。显示仪表的显示方式主要有指示和记录两大类。

指示一般有指针式、色带式、数字式和图形显示式；记录分有纸记录型和无纸记录型。

显示仪表的标尺有线性刻度和开方刻度两种，也可以根据用户要求提供各种标准的工程量刻度。以下为几种模拟显示仪表。

（1）指示式显示仪表

图2-18为一指针式显示仪表，指针指示出工艺变量的大小。

图2-18 指针式显示仪表

图2-19 光柱式显示仪表

指针式显示仪表有单针和双针两种。指针式显示仪表本质上是一个电流表。

现在新型的也有采用光柱显示的，显示直观、醒目、精度高。如图2-19所示。光柱式显示仪表采用平板式等离子体发光板，一般光柱式显示仪表都采用双光柱。

（2）色带式显示仪表

图2-20为一色带式显示仪表，工艺变量的大小由变送器转换成4～20mA的信号输入色带式显示仪表，经放大变换电路带动步进电机，从而拉动色带，由红色色带的高度反映出工艺变量的大小。

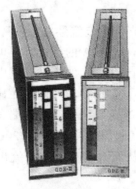
图2-20 色带式显示仪表

图2-21 电动记录仪表

色带式显示仪表常被用来显示液位的高低，主要是红色色带的高度与液位的高度非常相像。

色带式显示仪表有单色带和双色带两种。

(3) 记录仪表

图 2-21 为一记录仪表，由记录笔在记录纸上记录下工艺变量的大小。记录的最大优点是不仅能反映出当前的工艺变量，还可以记录下历史数据，以备日后查找、研究及量化管理。

记录仪表也有单笔和双笔两种。工艺变量的大小由变送器转换成 4~20mA 的信号输入记录仪表，经放大变换电路带动步进电机，从而带动记录笔，在记录纸上记录下工艺变量的大小。

记录纸的走纸由同步电动机带动。

色带式显示仪表和电动记录仪表还可附加报警电接点，对被测变量进行超限报警或实现位式控制。

注意：当输入信号出现短路（输入电流为 0mA）时，或者输入信号出现断路时，指针显示仪表指示值会突然走向零位，并且不管输入如何变化，指示值始终停留在低位。但色带式显示仪表和电动记录仪表，指示值将始终停留在输入信号出现断路瞬间的数值上，并且不管输入如何变化，指示值始终停留在该数值上。

思考与练习

① 变送器传递给检测端安全栅的信号为_____；
② 配电器传递给控制器和显示仪的信号为_____；
③ 变送器的电源为_____；
④ 二线制是指变送器的_____共用两根线；
⑤ 显示仪表的标尺有_____两种；
⑥ 同时显示两个变量的显示仪表为_____。

知识拓展 安全火花型防爆

在石油、化工生产现场存在着大量的易燃、易爆气体，在仪表或其他电器设备产生的电火花作用下，很容易引起燃烧和爆炸，因此，仪器仪表的防爆在石油、化工生产中尤为重要。目前采用的防爆形式有隔爆型和安全火花型两类，现在的化工企业都采用安全火花型。

"安全火花"是指火花能量很低，不能点燃周围易燃、易爆气体的火花。"安全火花型仪表"是指始终不会产生非安全火花的仪表。

为了组成安全火花型控制系统，所有的现场仪表（变送器、电动阀门、电气阀门定位器、安全栅等）都采用安全火花型仪表，但中央控制室中的仪表一般都不是安全火花型仪表。这主要是安全火花型仪表为了不会产生非安全火花必须进行能量限制和采用隔离电路，使得该类仪表结构复杂、成本较高，而在中央控制室中一般并不存在易燃、易爆气体，因此，没有必要采用安全火花型仪表。但是，为了防止非安全火花型仪表中的大电流窜入生产现场的安全火花型仪表中产生非安全火花，必须在安全火花型仪表和非安全火花型仪表之间加装安全栅。图 2-22 所示就是安全火花型控制系统的连接方式。

图 2-22 安全火花型控制系统

任务 2.3 操作控制器

【任务描述】知道控制器的作用和工作过程，清楚各种控制器的面板及各个按钮和开关的作用，熟练操作各种控制器。

任务 2.3.1 控制器的作用和工作过程分析

对于如图 2-1 所示的反应釜压力 P7 的自动控制系统，由压力变送器将反映反应釜压力 P7 的 4～20mA 电流信号（测量值）输送给控制器后，控制器将根据反应釜压力偏离设定值的情况产生控制作用去改变控制阀的开度，从而使输出流量发生变化，达到使被控变量反应釜压力 P7 等于设定值的目的。

控制器在得到测量值后，完成判断反应釜压力偏离设定值的大小和产生控制作用两样任务。

(1) 判断过程

控制器在得到测量值后首先与代表需求反应釜压力 P7 的设定值进行比较，产生偏差 e。

$$e = 测量值 - 设定值$$

偏差的大小反映了测量值偏离设定值的程度，偏差越大，说明测量值与设定值相差越远。

偏差的方向代表了测量值与设定值偏离的方向，即：测量值是比设定值大还是小。偏差为正，说明测量值大于设定值；偏差为负，说明测量值小于设定值。

如反应釜压力 P7 的设定值为 0.28MPa，现反应釜压力 P7 为 0.3MPa，压力变送器量程为 0～1MPa，控制器产生的偏差电流的大小计算如下：

$$I_{给定} = \frac{16}{P_{max} - P_{min}}(P_{给定} - P_{min}) + 4 = \frac{16}{1-0}(0.28 - 0) + 4 = 8.45\text{mA}$$

$$I_{测量} = \frac{16}{P_{max} - P_{min}}(P_{测量} - P_{min}) + 4 = \frac{16}{1-0}(0.3 - 0) + 4 = 8.8\text{mA}$$

$$偏差 \ e = 测量值 - 设定值 = I_{测量} - I_{设定} = 8.8 - 8.48 = 0.32\text{mA}$$

(2) 产生控制作用

控制器产生了偏差后，知道了反应釜压力 P7 偏离设定值的大小后将发出控制指令去改变控制阀的开度，从而使反应釜压力 P7 回到设定值上，那么，控制阀的开度应该改变多少呢？是不是直接把偏差 0.32mA 输入到控制阀上？

对于同样大小的偏差，对于不同的被控对象，如反应釜体积的大小不同、流入反应釜的流量 F4 的状况不同、反应釜流出管道的情况不同、控制阀的不同等，控制器所要求的控制作用是不同的。显然，直接把偏差 0.32mA 输入到控制阀上是不行的，控制器必须按照组成反应釜压力 P7 的控制系统的特性来发出控制指令，也就是说，控制器需要按偏差的大小和控制系统的特性进行计算,算出控制阀的开度对应的变化量。控制器的这个计算规律就称为控制器的控制规律。

控制器的控制规律应该由控制系统的特性来决定,但是在生产中,工艺设备和操作情况非常复杂,数学模型很难得到,就算得到也往往做了很多近似,并不准确,因此,在当前的自动控制系统中采用统一的控制规律——PID控制规律。

PID控制规律是比例积分微分控制规律的简称,为了适合于不同的控制系统,在PID控制规律中有三个可调参数:放大倍数K_c(或比例度δ)、积分时间T_i和微分时间T_d,称为控制器的PID参数。

对于不同的控制系统,通过合理的选择PID参数,使控制器产生的控制作用符合实际的控制要求,控制阀能定位在使测量值等于设定值的位置上。

控制器输出信号的变化方向也是一个非常重要的因素。在P7压力控制系统中控制阀装在出料管道上,当偏差e为0.32mA,说明比设定值大,控制器的控制作用应该将控制阀V6开大,使测量值下降最终等于设定值。如果控制阀装在进料管道上,即V4作为控制阀,则当偏差e为0.32mA时,控制器的控制作用应该使控制阀V4关小,这样才能使测量值下降最终等于设定值。

显然对于同样的偏差,控制方案不同,控制器输出信号的改变方向也不同,为了使控制器输出信号的变化方向对于不同的控制方案都能适用,控制器应能通过设置改变输出信号的变化方向。

任务2.3.2 操作DDZ-Ⅲ型控制器

DDZ-Ⅲ型控制器如图2-23所示,侧面板如图2-24所示。DDZ-Ⅲ型控制器测量信号1~5V,可用内设定(控制器内部电路产生一个1~5V可调的设定信号),也可外接4~20mA设定信号。比例度可调范围为2%~500%(对应放大倍数50~0.2),积分时间可调范围为0.01~25min,微分时间可调范围为0.04~10min。

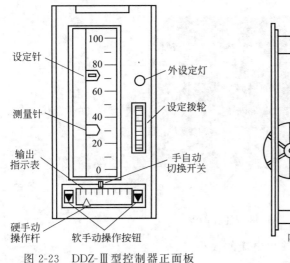

图2-23 DDZ-Ⅲ型控制器正面板　　图2-24 DDZ-Ⅲ型控制器侧面板

◆设定针为黑针,在0~100%全刻度盘上指示出设定值。
◆测量针为红针,在0~100%全刻度盘上指示出测量值。

◆输出指示表指示出控制器的输出值,因为控制器的输出作为控制阀的输入信号去改变阀门的开度,所以控制器的输出也称为阀位,输出指示表又称为阀位表。

◆硬手动操作杆 在控制器处于"手动"状态时,调整控制器的输出值,进行手动操作。当控制器处于"自动"状态时,自动跟踪控制器自动输出,同时指示出当时的自动输出值。

◆软手动操作按钮 也用于在"手动"状态时,调整控制器的输出值,按下左边的按钮,输出减小,按下右边的按钮,输出增大,松开时输出保持不变。

◆外设定灯 当控制器工作在外设定状态时,外设定灯亮。

◆设定拨轮 用于改变内设定信号的大小。

◆手/自动切换开关 用于选择控制器工作在"硬手动"、"软手动"和"自动"状态。

◆内/外设定切换开关 用于选择控制器工作在"内设定",还是"外设定"状态。当处于"内设定"时,设定信号由控制器内部的设定信号发生电路产生,通过"内设定拨盘"可得到需要的不同设定信号,内设定信号可在1~5V之间调整。当处于"外设定"时,设定信号由外面输入,外设定灯亮,"内设定拨盘"无法改变设定信号。

◆测量/校准切换开关 处于"测量"位置时,测量针和设定针分别指示出输入信号和设定信号。当处于"校准"位置时,测量针和设定针应同时指示在50%处。

◆PID参数设定盘 用于设定比例度、积分时间和微分时间。

◆正/反作用开关 用于改变控制器输出随输入变化的方向。

◆熔断器 用于过电流保护。

任务2.3.3 操作智能控制器

智能控制器以微处理器为核心,将微处理器的"智能"引进仪表中,利用软件功能大大提高了仪表的运算和控制功能。由于采用了微机技术,利用软件替代原来模拟控制器的部分硬件功能,仪表内部的元件较模拟控制器减少50%,系统结构更加紧凑;具有通信功能,可方便地组成中大规模分散控制系统,实现集中管理监视,带自整定功能;具有自诊断功能,一旦出现故障,仪表会采取相应保护措施并输出故障状态报警。图2-25为AI系列智能控制器。

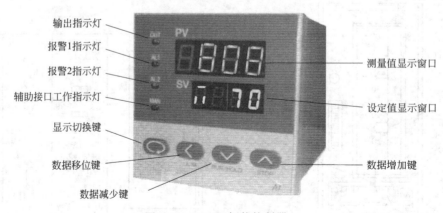

图2-25 AI808智能控制器

◆输出指示灯通过亮/暗变化反映出输出电流的大小。

◆当报警1动作时,报警1指示灯亮。

◆当报警2动作时,报警2指示灯亮。

◆当辅助接口安装有增加模块时,辅助接口指示灯亮。

◆测量值显示窗口指示出当前测量值。

◆设定值显示窗口指示出当前设定值或控制器输出值,以及手/自动状态。

◆显示切换键用于显示状态之间的切换,按 ⟲ 键,设定值和控制器输出值交替显示,如图2-26所示。

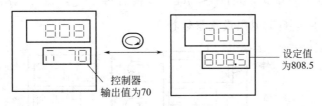

图2-26 显示状态的切换

◆数据移位键:当设定值显示窗口显示设定值时,用于移动光标的位置,如图2-27所示,光标在那个位置,该位置的数值就能被修改。如果没有按键超过30s,光标闪烁停止,当前数据修改又回到最右位。数据移位键同时也是"手自动"切换键,当设定值显示窗口显示控制器输出值时,用于控制器的手动状态和自动状态之间的切换,如图2-28所示。

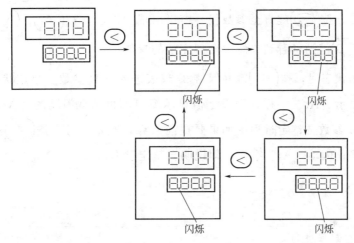

图2-27 移动光标的位置

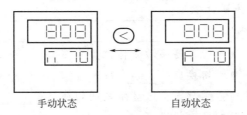

图2-28 手/自动状态切换

◆数据增加/减少键用于改变数值。当工作在自动状态时,按 ∧ 或 ∨ 键可修改设定值,按住数据增加键或数据减少键不放,可快速地增加或减少数值,并且速度会随小数点的右移自动加快,此外,按 < 键可移动光标,直接修改光标闪烁位置的数据,使操作快捷。当工作在手动状态时,按 ∧ 或 ∨ 键进行手操,手动改变阀门的开度,按键一次,阀门

开度改变 1%。

◆按 ⟲ 键并保持 2s，即进入参数设置状态，如图 2-29 所示。在参数设置状态下，按 ⟲ 键仪表将依次显示各参数，按 ∧、∨ 或 < 键可修改参数的值。按 ⟲ 键并保持 2s 不放，可返回显示上一参数。先按 < 键不放接着再按 ⟲ 键可退出设置参数状态。如果没有按键操作 30s 后会自动退出设置参数状态。

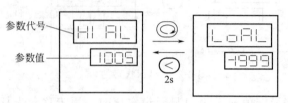

图 2-29　参数设置操作

◆对于没有打开参数锁的仪表，按 ⟲ 键只能显示出最多八个现场参数（现场参数可有用户自己定义），要想看到或修改完整的参数，必须打开参数锁。按 ⟲ 键并保持 2s，即进入参数设置状态，按 ⟲ 键直至参数代号窗口出现"Loc"，按 ∧、∨ 或 < 键输入开锁密码，再按 ⟲ 键则可看到或修改全部完整的参数。

◆在自动工作状态时，按 < 键并保持 2s 仪表进入 PID 参数自整定状态，此时设定值显示窗口将闪动显示"At"字样，当设定值显示窗口不再出现闪动的"At"字样，说明自整定结束。在 PID 参数自整定过程中如果要提前放弃自整定，可再按 < 键并保持 2s，使设定值显示窗口停止闪动"At"字样，即说明自整定已退出。

思考与练习

① 偏差表示_____；
② 有偏差，控制器进行_____后，去改变控制阀的开度；
③ 改变控制器的 PID 参数是为了_____；
④ Ⅲ型控制器修改设定值可按_____；
⑤ Ⅲ型控制器手操可拨_____；
⑥ AI 智能控制器修改数字时，要移动光标位置应按_____键；
⑦ AI 智能控制器手—自动切换应按_____键；
⑧ AI 智能控制器设定值显示与输出值显示之间切换应按_____键；
⑨ AI 智能控制器进入参数设置状态应_____；
⑩ AI 智能控制器手动开大控制阀应按_____键。

任务 2.4　操作气动控制阀

【任务描述】　知道气动控制阀的作用，了解气动控制阀的结构，掌握气动控制阀的安装对工艺的要求，明确气开、气关以及选取原则，会选择气动控制阀的气开、气关形式。

任务2.4.1 认识气动控制阀

控制阀接受控制器的控制信号,改变阀门开度,控制介质的流量,使被控变量维持在所要求的正常范围内,从而完成控制器对被控对象的控制目的,实现生产过程的自动化。因此,控制阀被称为生产过程自动化系统中的"手脚",它是自动控制系统中必不可少的一个重要环节。

以压缩空气为动力源的控制阀称为气动控制阀,以电为动力源的控制阀称为电动控制阀(含模拟和智能两种)。气动和电动阀应用较多,此外,还有液动控制阀。

气动控制阀控制性能好、结构简单、动作可靠、维修方便、防火防爆、价格低廉,因此,在工业生产过程控制系统中得到非常普遍的使用。

电动控制阀运行速度快,便于集中控制,但结构复杂,防火防爆性能差。

液动控制阀利用液压原理推动执行机构动作,推力大,适用于负荷较大的场合,但其辅助设备较笨重、体积庞大。

气动控制阀的输入信号为20~100kPa的压缩空气,当与电动控制器配套使用时,必须用电气转换器将电动控制器输出的4~20mA的电信号转换成20~100kPa的压缩空气信号。

(1) 气动控制阀的结构

气动控制阀有薄膜式和活塞式两种,在工业生产中尤以气动薄膜式控制阀使用最多,图2-30为一气动薄膜控制阀。

气动薄膜控制阀由执行机构和调节机构两部分组成。执行机构接受控制器来的控制信号产生相应的推力,调节机构按照执行机构产生的推力大小改变开度,调节流体的流量。

图2-30 气动薄膜控制阀

① 执行机构 主要由膜盖、膜片、弹簧和阀杆组成。如图2-31所示。

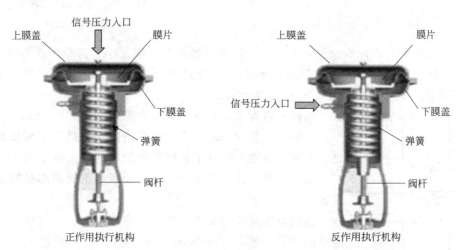

图2-31 气动执行机构

执行机构有正作用和反作用两种形式。ZMA型为正作用执行机构,ZMB型为反作用执行机构。

对于正作用执行机构,来自控制器的信号压力通入到薄膜气室的上部,在膜片上产生一个向下的推力,去推动阀杆向下移动,阀杆在下移的同时压缩弹簧,弹簧由此产生反作用力,而且随着阀杆的逐渐下移,弹簧的反作用力也越来越大,直至弹簧的反作用力与信号压力在膜片上产生的推力相平衡,阀杆不再下移。信号压力越大,阀杆下移量也越大;当信号压力减小时,弹簧的反作用力将大于膜片上产生的推力,使阀杆上移,随着阀杆的上移,弹簧的反作用力会越来越小,最后弹簧的反作用力与信号压力在膜片上产生的推力又会相平衡,阀杆不再上移。而反作用执行机构,由于信号压力通入到薄膜气室的下部,所以当信号压力增大时阀杆将向上移动;信号压力减小时阀杆将向下移动。

② 调节机构 调节机构即是阀门,是一个可以改变局部阻力的节流元件。阀门内的阀芯在阀体内移动时,改变了阀芯与阀座之间的流通面积,使被控介质的流量发生相应地改变,从而达到控制工艺变量的目的。常用的阀门有直通单座阀、直通双座阀、角形阀、三通阀、蝶阀、球阀和套筒阀等。

气动薄膜式执行机构的输出特性是比例式的,即输出阀杆位移与输入气压信号成比例关系。但由于阀芯的形状不同,阀芯与阀座之间的流通面积的改变与输入气压信号不一定成比例关系。

图 2-32 为一直通单座阀。

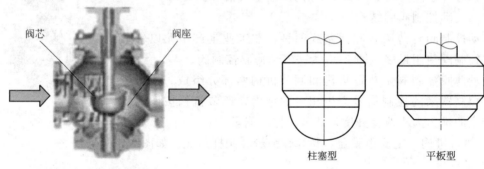

图 2-32 直通单座阀　　　　图 2-33 阀芯形状

直通单座阀阀体内只有一个阀芯和一个阀座,特点是泄漏量小,易于保证关闭,甚至完全切断。直通单座阀又分为调节型和切断型,它们的区别在于阀芯形状不同,调节型阀芯为柱塞型,切断型阀芯为平板型,如图 2-33 所示。

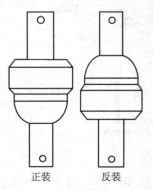

图 2-34 阀芯的正反装

阀芯可以有正装和反装两种类型,如图 2-34 所示。

当阀芯正装时,阀杆下移阀芯与阀座间的流通面积减小;反之,阀芯反装时,阀杆下移阀芯与阀座间的流通面积增大。

对于公称直径 $DN<25mm$ 的直通单座阀阀芯只能正装不能反装。

直通单座阀应用非常广泛,具有泄漏小、允许压差小、结构简单的特点,故适用于泄漏要求严格、工作压差小的干净介质场合

(2) 气动控制阀的安装

气动控制阀应该安装在便于调整、检修和拆卸的地方,在保证生产安全的同时也应该考虑节约投资,整齐美观。

① 气动控制阀的安装

a. 要有前后不小于 10D 的足够直管段。

b. 为防止薄膜老化，应尽量远离高温、振动、有毒及腐蚀严重的场地。

c. 安装高度要便于和不妨碍操作人员工作，尽量安装在靠近地面或楼板的地方。

d. 安装位置应在上下方留有足够的间隙，应使人在维修或手动操作时方便，并在正常操作时能方便地看到阀杆指示器的指示值。

e. 要保证在操作过程中不会伤及人员和损坏设备。

f. 如需要保温，则要留出保温的空间。

g. 如需要伴热，则要配置伴热管线。

h. 通常情况下还应有一个上游切断阀、一个旁路阀、一个下游切断阀共同组成一个如图 2-35 所示的控制阀组。

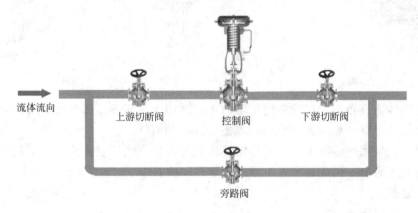

图 2-35 控制阀组

② 气动控制阀的安装方位　气动控制阀要求垂直安装，在不能保证垂直安装时，对法兰用 4 个螺栓固定的控制阀还可以有向上倾斜 45°、向下倾斜 45°、水平安装和向下垂直安装四个位置。对法兰用 8 个螺栓固定的控制阀，另增加向上倾斜 22.5°、向上倾斜 67.5°、向下倾斜 22.5°和向下倾斜 67.5°四个位置。

③ 气动控制阀的安装注意事项

a. 控制阀上的流向箭头必须与介质的流向一致。

b. 对于用螺纹连接的小口径控制阀，必须要安装可拆卸的活动连接件。

c. 安装要牢固，大尺寸的控制阀必须要有支撑。

d. 对于不同的压力及工艺介质要求，选择不同材料的密封垫圈。

e. 操作手轮要处于便于操作的位置，机械传动应灵活，无松动或卡涩现象。

 思考与练习

① 控制阀由_____组成；

② 气动控制阀的输入信号为_____；

③ 正作用执行机构_____；

④ 直通阀有_____两种；

⑤ 控制阀组由_____组成。

知识拓展 阀门

(1) 角形阀

图 2-36 为一角形阀。

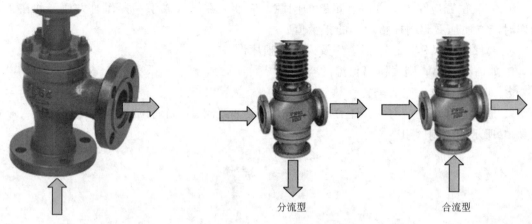

图 2-36 角形阀　　　图 2-37 三通阀

角形阀阀体为直角形，它流路简单阻力小，适用于高压差、高黏度、含有悬浮物和颗粒状物质的流体，可以避免结焦、堵塞。也便于自净和清洗。

角形阀一般采用底进侧出，此时稳定性比较好，但在高压差场合，为了延长阀芯使用寿命，则采用侧进底出，侧进底出在小开度时容易发生振荡。

(2) 三通阀

图 2-37 为一三通阀。

三通阀有三个通道与管道相连接，按其作用方式，可分为分流型和合流型两类。

分流型将一种介质分成两路流出，而合流型将两种介质混合成一路流出。一般用于代替两个直通阀对化工设备的旁路控制。阀芯移动时，流体一路增加，另一路则减小，两者成比例关系，而总量不变。

(3) 蝶阀

图 2-38 为一蝶阀。

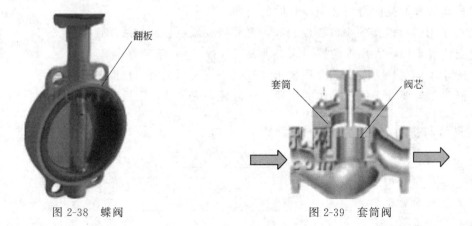

图 2-38 蝶阀　　　图 2-39 套筒阀

蝶阀又称翻板阀，它相当于取一直管段来做阀体，且阀体又相当于阀座，故结构简单、紧凑、阻力损失小、"自洁"性能好、寿命长，特别适用于低压差、大口径、大流量气体和带有悬浮物等不干净介质的场合。当公称直径 $DN>300$mm 时，通常都用蝶阀。

蝶阀泄漏量较大，当转角大于 60°以后转矩大，工作不稳定，特性也不好，所以蝶阀通常在转角 0°～60°范围内使用。

(4) 套筒阀

图 2-39 为一套筒阀剖面图。

套筒阀也叫笼式阀，套筒阀分为单密封和双密封两种结构，前者类似于单座阀，后者类似于双座阀。套筒阀采用平衡型的阀芯结构，阀芯和套筒侧面导向，因此不平衡力小、稳定性好、装卸方便、不易振荡、改善了原有阀芯易于损坏的毛病、允许压差大、具有降低噪声的特点，但价格比单座阀、双座阀高出 50%～200%，还需要专门的缠绕密封垫。套筒阀是仅次于单座阀、双座阀应用较为广泛的阀门。

任务2.4.2 操作气动控制阀

(1) 气动控制阀的气开和气关形式

气动控制阀有气开阀和气关阀两种。气开阀有信号时阀门始开启，信号增加时阀门开度增大，无信号输入时阀门全关；气关阀有信号时阀门始关闭，信号增加时阀门开度减小，无信号输入时阀门全开。

由于执行结构有正作用和反作用两种，阀门的阀芯又有正装和反装两种。当执行结构为反作用，但阀芯正装；以及执行结构为正作用，但阀芯反装这两种形式的气动控制阀为气开阀，如图 2-40 所示。当执行结构为正作用，阀芯也正装；以及执行结构为反作用，阀芯也反装这两种形式的气动控制阀为气关阀，如图 2-41 所示。

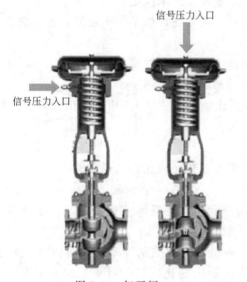

图 2-40 气开阀

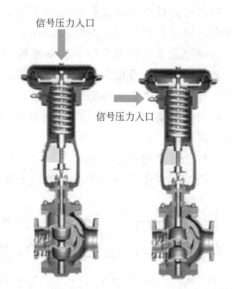

图 2-41 气关阀

(2) 气动控制阀气开、气关形式的选择

气动控制阀气开、气关的选择与生产的安全性有直接的联系，其选择原则是：一旦因事故信号中断时，控制阀的开关状态要保证人员和生产设备的安全；在不至于引起不安全和故障的情况下，以不会造成浪费为宜。

图 2-1 所示的反应釜压力控制系统的控制阀为输出管道上的阀门 V6。如果控制阀 V6 为气开阀，一旦信号压力中断，则控制阀 V6 将全关，而经过 V4 的气体不断地流入，但气体无法流出，反应釜压力 P7 将不断上升，将有反应釜压力过高而引起爆炸的可能，所以，控制阀 V6 选气开阀非常危险，不满足保证人员和生产设备安全的原则。

而如果控制阀 V6 为气关阀，则一旦信号压力中断，控制阀 V6 将全开，虽然气体在不断的流入，但气体以最大量流出，反应釜压力 P7 不会上升得很高而引起爆炸，所以，控制阀 V6 选气关阀比较安全，满足了保证人员和生产设备安全的原则。

控制阀 V6 应选择气关阀。

思考与练习

① 正作用执行机构，阀芯正装的控制阀为气____阀；
② 反作用执行机构，阀芯反装的控制阀为气____阀；
③ 当输入信号为 100kPa 时，气开阀应_____；
④ 当输入信号为 20kPa 时，气关阀应_____。

任务 2.5　操作压力控制系统

【任务描述】　知道 PID 控制规律，掌握 PID 参数对控制系统的影响，会选择控制器的正、反作用形式，熟练掌握压力控制系统的投运方法。

任务 2.5.1　认识 PID 控制规律

控制器的控制规律应该由控制系统的特性（数学模型）来决定，但是在生产中，工艺设备和操作情况非常复杂，数学模型很难得到，就算得到也往往做了很多近似，并不准确，因此，自动控制系统中常采用一些基本控制规律。

基本控制规律有比例控制规律、积分控制规律和微分控制规律。在实际应用中，往往是将这三种基本规律按实际需要进行组合，构成多种常用控制规律。

常用控制规律有比例（P）、比例积分（PI）、比例微分（PD）和比例积分微分（PID）四种控制规律。

（1）比例控制规律（P）

比例控制规律就是控制器的输出变化与输入偏差变化 e 成比例关系，即：

$$\Delta I = K_c \Delta e$$

而在自动控制中，一般研究的是变量的变化量，因此，省略了 Δ 符号。

比例是一种最基本的控制规律，图 2-42 是比例控制在阶跃输入下的输出变化特性。可见控制非常及时，输出与输入的变化完全同步。K_c 越大，控制作用越强。

但比例控制有一个最大的缺点：存在余差。控制作用不能使被控变量准确地回到设定值上。放大倍数 K_c 越大，余差 e 就越小，但使系统稳定性减弱了。

比例控制规律有一个可调参数 K_c，在自动控制系统

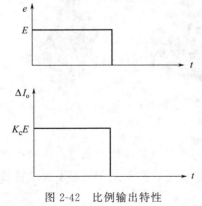
图 2-42　比例输出特性

中还经常使用比例度 δ，比例度 δ 与放大倍数 K_c 之间的关系为，

$$\delta = \frac{1}{K_c} \times 100\%$$

比例度 δ 与放大倍数 K_c 成反比关系。

控制器的比例度 δ 越小，则放大倍数 K_c 越大，比例控制作用越强；反之，控制器的比例度 δ 越大，则放大倍数 K_c 越小，比例控制作用越弱。

单纯的比例控制规律适用于控制对象控制通道容量滞后不大，纯滞后较小，负荷变化不显著，对控制质量要求不高的场合。

（2）比例积分控制规律（PI）

比例控制规律存在余差，对于工艺要求不允许存在余差的情况，单纯的比例控制器便不能胜任了，而必须在比例控制器的基础上，加入积分控制功能。

① 积分控制规律（I） 积分控制规律其控制器的输出与输入（即偏差）成积分关系，即，

$$I = \frac{1}{T_i} \int_0^t e \, dt$$

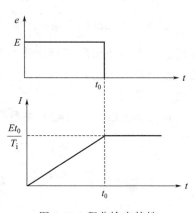

图 2-43 积分输出特性

图 2-43 是积分控制在阶跃输入下的输出变化特性。积分控制规律输出信号 I 的大小不仅取决于偏差信号 e 的大小，还同偏差存在的时间有关，只要有偏差存在，不论偏差大小，积分运算就进行（随时间对偏差做累积），控制器的输出信号就一直变化下去，而且随着时间的增长和对偏差信号的累积作用，输出会越来越大，直到迫使偏差回零才停止累积，系统也就没有了余差。所以采用积分控制规律，系统最终必定能消除余差，消除余差的时间取决于积分控制规律的可调参数：积分时间 T_i。

积分时间 T_i 越长，相当于积分速度小，对应的累积慢，积分作用弱；反之，积分时间短，则表示积分作用强。积分时间短，直线的上升就快，积分输出增加也快，积分作用强烈，消除余差的能力强。

积分控制规律虽然能消除余差，但是由于积分控制器的输出是逐渐增加的，是一个渐进的过程，这使控制过程进行得很慢，在开始的时候，往往控制很不及时，所以实际应用中，积分控制规律并不单独使用，而是同比例控制规律一起共同组成具有比例加积分的比例积分控制规律。

② 比例积分控制规律（PI） 比例积分控制规律其控制器的输出与输入关系为

$$I = K_c \left(e + \frac{1}{T_i} \int_0^t e \, dt \right)$$

图 2-44 是比例积分控制在阶跃输入下的输出变化特性。比例积分控制规律是把比例控制规律和积分控制规律叠加在一起，当偏差出现时首先利用比例控制规律控制及时的特点对控制系统进行粗调，迅速克服扰动的影响，使被控变量快速靠近设定值，然后利用积分控制规律最终消除余差。比例积分控制规律是一种比较理想的控制规律，在自动控制系统中被广泛地使用。

比例积分控制规律中有两个可调参数：放大倍数 K_c（或比例度 δ）和积分时间 T_i。

对于控制对象控制通道容量滞后和纯滞后较小，而负荷变化较大但比较缓慢的场合，工艺上又要求消除余差时，采用比例积分控制规律。不过，积分作用的引入，使系统的稳定性变差，对于控制对象控制通道容量滞后和纯滞后都较大的系统，使用比例积分控制规律要慎重，以免引起过大的超调，甚至产生持续的振荡而出现不稳定。使用积分要注意防止积分饱和而导致自动控制系统质量恶化。

（3）比例微分控制规律（PD）

在实际生产中，经常会遇到一些滞后较大的对象，控制作用已经产生，但被控变量变化比较缓慢，被控变量迟迟没有回到设定值，控制器将会不断的改变输出，当被控变量慢慢得回到设定值时，控制器的

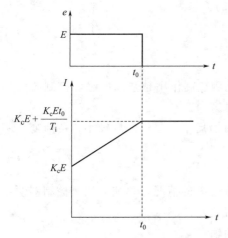

图 2-44 比例积分输出特性

输出已经大大超出所需量，使被控变量反方向偏离设定值，控制器的输出将反方向改变，微分控制的引入可大大改观这种现象。

其控制器的输出与输入关系为，

$$I = K_c \left(e + T_d \frac{de}{dt} \right)$$

图 2-45 是比例微分控制在阶跃输入下的输出变化特性。

在偏差刚一出现时，比例微分控制就根据偏差变化的速率，对系统进行控制，将偏差的发展抑制在初始阶段。

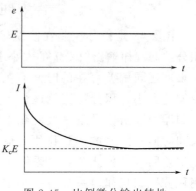

图 2-45 比例微分输出特性

微分作用的强弱与微分时间 T_d 有关，微分时间 T_d 越大，微分作用越强；反之，微分时间 T_d 越小，微分作用越弱。

比例微分控制规律也不能消除余差。

比例微分是在比例的基础上引入微分，微分的采用适用于控制对象控制通道容量滞后较大的场合，不过，对于需要消除余差的系统有一定的欠缺，而且当扰动作用十分频繁，被控变量带有较大高频噪声的情况不宜采用微分。另外，微分作用的引入对于具有纯滞后的系统毫无效果。

（4）比例积分微分控制规律（PID）

比例积分微分控制规律控制器的输出与输入关系为

$$I + K_c \left(e + \frac{1}{T_i} \int_0^t e \, dt + T_d \frac{de}{dt} \right)$$

比例积分微分又称为三作用控制规律，它的功能最全，控制质量最高，适用于控制对象控制通道容量滞后较大又希望消除余差的场合。

综上所述，对于化工过程控制中的温度、压力、流量、液位和成分五大变量，在温度和成分控制系统中，由于被控对象的容量滞后较大、控制质量要求较高，应选用比例积分微分（PID）三作用控制规律；流量和压力控制系统中，由于流量的脉动性较大，压力有时会出

现冲击，一般不宜采用微分，所以常采用比例积分（PI）控制规律，在控制质量要求不高时，也可采用纯比例（P）控制规律；液位控制系统中，因为大多数液位并不要求恒定在一个平面上，可以在一定范围内波动，因此一般采用纯比例（P）控制规律，除非要求特别高，也可采用比例积分（PI）控制规律。

思考与练习

① 比例控制规律的优缺点是_____；
② 比例积分控制规律的优缺点是_____；
③ 放大倍数越大，_____；
④ 积分时间越大，_____；
⑤ 微分时间越大，_____；
⑥ 微分控制规律适用于_____场合。

任务2.5.2 选择控制器的正、反作用

一个控制系统当设定值变化或出现扰动使被控变量偏离设定值后，怎样保证系统的控制作用必定能使被控变量重新回到设定值呢？其答案是：使整个控制系统是一个负反馈系统。一个简单控制系统是由控制器、控制阀、控制对象和传感器组成的，而控制阀、控制对象和传感器的正反作用方向都由它们各自的特性已决定，因此，要保证系统是一个负反馈系统，必须合理地选择控制器的正反作用方向。

（1）环节作用方向的定义

所谓环节的作用方向是指，当环节的输入发生变化以后，输出的变化方向。如果输出的变化方向与输入的变化方向一致，即输入增大（或减小）时，输出也增大（或减小），则该环节为"正作用"方向；否则，为"反作用"方向。

① 检测元件与变送器环节　也称为传感器。检测元件与变送器环节的输入是被控变量，输出是标准信号。一般情况下，为了表示清楚和符合人的心理习惯，输出标准信号与被控变量的变化方向一致，为"正作用"方向。个别情况下，检测元件的信号变化可能与被控变量不一致（如温度的检测采用热敏电阻时，温度升高时热敏电阻值降低），但转换完的信号一定与被控变量的变化方向一致。也就是说，检测元件与变送器环节必定是"正作用"方向。

② 控制阀　在化工生产中多为气动薄膜控制阀，其输入为控制器的输出控制信号，输出为阀门开度。气动薄膜控制阀有气开阀和气关阀两种。

a. 气开阀　有信号时阀门始开启，信号增加时阀门开度增大，无信号输入时阀门全关。所以气开阀为"正作用"方向。

b. 气关阀　有信号时阀门始关闭，信号增加时阀门开度减小，无信号输入时阀门全开。所以气关阀为"反作用"方向。

③ 被控对象环节　被控对象的输入是控制作用，输出是被控变量，若被控变量随控制作用的增加而增加，则被控对象为"正作用"方向；否则，为"反作用"方向。

④ 控制器环节　控制器的输入是偏差，输出为送至控制阀上的控制信号。当正偏差增加，如控制器的输出也增加，则此控制器为"正作用"；否则，为"反作用"方向。

由于偏差比较机构与控制器为一整体，因此，控制器的输入信号有被控变量的测量值和

设定值两个。在控制器中偏差定义为测量值和设定值的差值,当测量信号增加时,其偏差是增加的,如控制器的输出也增加,则此控制器为"正作用";否则,为"反作用"方向。由于测量信号与设定信号方向相反,因此,设定信号增加相当于测量信号减小。

(2) 控制器作用方向判断方法

现对图 2-1 所示的反应釜压力控制系统分析,来说明控制器正反作用方向的选择方法。反应釜压力控制系统中的控制阀 V6 已选为气关阀。

符号法就是把组成控制系统的四个部分的正反作用按乘法的正负相乘原则运算,四个部分的正反作用相乘应为反,依此选择控制器的作用方向。

传感器都是"正"的;因选择气关阀为"反";控制作用是反应釜的流出流量 F6,被控变量是反应釜的压力 P7,当反应釜的流出流量 F6 增加时,反应釜的压力 P7 将减小,所以,控制对象为"反";传感器、控制阀、控制对象三部分相乘为"正"×"反"×"反"是"正",要使整个系统为"反",控制器一定要选择反作用。

思考与练习

① 自动控制系统必定是_____反馈;
② 控制器、控制阀、被控对象和传感器四部分的正、反方向相乘为_____;
③ 当控制作用增加时,被控变量减小的被控对象为_____;
④ 传感器都是____作用;
⑤ 对于"正"的被控对象,采用气关阀,控制器应选择_____作用。

任务 2.5.3 压力控制系统的投运

投运图 2-1 所示的反应釜压力控制系统。

控制系统的投运必须经过手动操作,使被控变量稳定在设定值附近,才能投自动。因为,在不同的生产负荷下,控制器的 PID 参数数值是不同的,如果被控变量偏离设定值很大就投自动,控制系统的控制质量将很差,自动控制很难将被控变量调回设定值,甚至还可能出现发散而造成事故。

(1) 手动操作

检查所有的阀门是否全关,确定压缩机处于停止状态,所有仪表连接都准确无误。

合上电源开关,检查指示仪表的零位。

打开压缩机的电源开关 S4,启动压缩机。

手动打开缓冲罐入口阀 V3,并逐渐开到 100%,对缓冲罐开始充压。手动打开缓冲罐出口阀 V4,逐渐开到约 80%,对反应釜开始充压。

将控制器的"手—自动"切换开关打向"软手动"位置,按下右边的"软手操"按钮,使控制器的输出逐渐增大,观察缓冲罐和反应釜的压力变化情况。

将控制器的"手—自动"切换开关打向"硬手动"位置,手动操作"手动操作杆"改变控制器的输出,并观察缓冲罐和反应釜的压力变化情况,以及 F3、F4 和 F6 三个流量。

控制器的输出增大,反应釜出口阀 V6 将开大,反应釜出口阀流量将增加;反之,控制器的输出减小,反应釜出口阀 V6 将关小,反应釜出口阀流量将变小。但压力的变化需观察流量的情况。

F3>F4,缓冲罐压力 P5 将上升,缓冲罐压力 P5 的上升将引起 F4 增大;反之,F3<

F4，缓冲罐压力 P5 将下降，缓冲罐压力 P5 的下降将引起 F4 减小。

F4＞F6，反应釜压力 P7 将上升，反应釜压力 P7 的上升将引起 F6 增大；反之，F4＜F6，反应釜压力 P7 将下降，反应釜压力 P7 的下降将引起 F6 减小。

反复、耐心地不断调整，直至 F3＝F4＝F6，反应釜压力 P7 稳定在 0.28MPa 附近不变，手动操作完成。

在手动操作时，改变"手动操作杆"后需等待一会，观察各流量的变化情况，当三个流量已不变，或已非常接近时，反应釜压力 P7 偏离 0.28MPa 还较大，则继续改变"手动操作杆"。避免快速操作"手动操作杆"，这样往往事与愿违，被控变量一会太大，一会太小，很难稳定，因为，控制器输出改变后，控制阀的开度改变要有一定的时间，控制阀开度变了，流量变化要有一点时间，流量的变化引起压力改变受反应釜体积的大小不同快慢不一，也要有时间。

（2）控制系统投自动

当手动操作完成后，反应釜压力 P7 已稳定在 0.28MPa 附近并不变，可以投自动了。

在投自动前，首先将控制器的放大倍数 K_c 设置在 15%，积分时间 T_i 设置在 1.5min，正反作用开关设置在"反作用"，然后将"手—动"切换开关从"硬手动"切向"自动"，并拨动设定值拨盘，将设定值放置在 28%（0.28MPa）上。

从记录仪上观察反应釜压力 P7 的变化情况，如控制质量不满足要求，可调整放大倍数 K_c 或积分时间 T_i。

 思考与练习

① 现 F4＞F6，而反应釜压力 P7 大于设定值，应将"手动操作杆"向_____方向拨；

② 现 F4＞F6，而将"手动操作杆"向增大方向拨，则反应釜压力 P7 将_____。

小结

1. 根据不同的分类方法，测量误差可分为基本误差、附加误差、静态误差、动态误差、系统误差、随机误差和粗大误差。

2. 按数值分类，误差有绝对误差和相对误差及相对百分误差三种表示方法。

3. 测量仪表的主要质量指标有精度、变差、灵敏度和灵敏限。精度是测量仪表的基本误差，用等级来表示。变差的数值不能超过基本误差。

4. 常用的压力测量仪表有 U 型管压力计、弹簧管压力计、微型压力计和压力变送器。U 型管压力计和弹簧管压力计只能现场指示，微型压力计和压力变送器能将压力转换成标准信号，实现远传和控制。

5. 安全火花型系统是指所有现场仪表都采用安全火花型仪表，现场和中央控制室之间加装安全栅所构成的自动控制系统。

6. 模拟显示仪表分为指示式、色带式和记录仪，记录仪能将被测变量记录下来供以后查看。

7. 控制器有模拟式和智能式两种。智能式控制器运算和数据处理功能更强，操作更灵活、方便。

8. 气动控制阀由执行机构和调节机构两部分组成。执行机构分正作用和反作用两种，阀芯可以正装，也可以反装。按信号的开关情况可分成气开阀和气关阀，气开和气关的选择原则是当压缩空气信号中断时，阀门的开关状态应确保人员和生产设备的安全。

9. 控制器的常用控制规律有 P、PI、PD、PID。比例作用控制及时，积分作用能消除余差，微分作用能克服容量滞后。控制器的三个可调参数 K_c、T_i、T_d 可改变控制质量的好坏，K_c 越大比例作用越强，T_i 越小积分作用越强，T_d 越大微分作用越强。

10. 控制系统必须是负反馈才有控制作用，要保证控制系统始终是负反馈，必须合理地选择控制器的正反作用。

11. 自动控制系统的投运必须先通过手动操作把被控变量稳定在设定值附近，才能投自动，投自动前要先正确选择好正反作用，并确定 PID 参数。

习题

2-1 误差可分为哪几类？

2-2 测量误差是 _____ 与 _____ 之间的差值。

2-3 用温度计测温，温度计上每一小格代表 1℃，（　　）是正确的？
(A) 10.0℃　　　　(B) 10℃　　　　(C) 11℃　　　　(D) 1℃

2-4 用某一压力表测量 0.1MPa 的压力，其测量值为 0.101MPa，则绝对误差与相对误差分别为（　　）。
(A) −0.001，−1%　(B) −0.001，1%　(C) 0.001，1%　(D) 0.001，−1%

2-5 用一只普通万用表测量同一个电压，每隔 10 分钟测一次，重复测量 10 次，数值相差造成误差，该误差属于（　　）。
(A) 系统误差　　(B) 随机误差　　(C) 粗大误差　　(D) 累计误差

2-6 看错刻度线造成误差，该误差属于（　　）。
(A) 系统误差　　(B) 随机误差　　(C) 粗大误差　　(D) 累计误差

2-7 传感器安装位置不当，造成误差，该误差属于（　　）。
(A) 系统误差　　(B) 随机误差　　(C) 粗大误差　　(D) 累计误差

2-8 因精神不集中而写错数据，造成误差，该误差属于（　　）。
(A) 系统误差　　(B) 随机误差　　(C) 粗大误差　　(D) 累计误差

2-9 标准电池的电动势值随环境温度变化，造成误差，该误差属于（　　）。
(A) 系统误差　　(B) 随机误差　　(C) 粗大误差　　(D) 累计误差

2-10 某温度表其指示面板如图所示：

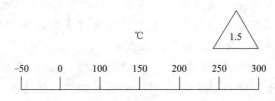

问：① 该表的测量上限值、下限值、量程各为多少？
② 该表的允许误差为多少？
③ 该表的精度等级为几级？

2-11 某温度表的测量范围为 −100～1000℃？精度为 1 级，试问该温度表的最大允许误差为多少？在校验点 500℃处，该表的指示值为 508℃，问该表在此校验点上是否合格？为什么？

2-12 用一台测量范围为 100～1000kg/h 的流量表测量某管道中的流量，若允许最大误差为 5kg/h，问应选用几级精度的流量表？

2-13 仪表变差的数值不能（　　）精度的数值。
(A) 大于　　　　(B) 小于　　　　(C) 大于等于　　(D) 小于等于

2-14 用一台标准压力表效验一台工业压力表，已知工业压力表的测量范围为 0～1MPa。经效验结果如下表所示，试计算该工业压力表的变差并确定精度等级。

标准表读数/MPa	0	0.20	0.40	0.60	0.80	1.00
被校表正行程读数/MPa	0	0.19	0.37	0.55	0.73	0.93
被校表反行程读数/MPa	0	0.21	0.42	0.64	0.85	0.99

2-15 一台温度表指针每移动 1mm 代表 1℃，另一台温度表指针每移动 2mm 代表 1℃，这说明前一台仪表的灵敏度比后一台仪表（　　）。
(A) 高　　　　　　(B) 低　　　　　　(C) 相同　　　　　　(D) 无法比较

2-16 仪表的灵敏限应（　　）。
(A) 等于仪表允许误差的绝对值
(B) 不大于仪表允许误差的绝对值
(C) 等于仪表允许误差绝对值的一半
(D) 不大于仪表允许误差绝对值的一半

2-17 下列关于表压力和真空度的说法，（　　）是正确的。
(A) 表压力是压力表的读数，而真空度是介质的实际压力
(B) 表压力是指压力大于大气压力，而真空度是指压力小于大气压力
(C) 表压力就是真空度静压
(D) 表压力是真空度与大气压的差值

2-18 测量氨气的压力表，其弹簧管不能用（　　）材料。
(A) 不锈钢　　　　(B) 钢　　　　　　(C) 铜　　　　　　(D) 铁

2-19 什么是安全火花？什么是安全火花型仪表？什么是安全火花型系统？

2-20 电动Ⅲ型仪表的现场仪表采用（　　）信号。
(A) 0～10mA　　　(B) 4～20mA　　　(C) 1～5V　　　　(D) 20～100kPa

2-21 电动Ⅲ型仪表的电源采用（　　）。
(A) 220V AC　　　(B) 24V AC　　　(C) 24V DC　　　(D) 380V AC

2-22 电动Ⅲ型差压变送器接线采用（　　）。
(A) 四线制　　　　(B) 三线制　　　　(C) 二线制　　　　(D) 六线制

2-23 气动薄膜控制阀的输入信号为（　　）。
(A) 20kPa～140kPa　　(B) 20kPa～100kPa
(C) 100kPa～140kPa　　(D) 20kPa～200kPa

2-24 执行机构按其能源形式可分为＿＿＿＿、＿＿＿＿和＿＿＿＿三大类。

2-25 控制阀由＿＿＿＿和＿＿＿＿两部分组成。

2-26 气动薄膜执行机构分为正作用和反作用两种型式，信号压力增大时推杆向＿＿＿＿动作的叫正作用，信号压力增大时推杆向＿＿＿＿动作的叫反作用。

2-27 控制阀前后压差较小，要求泄漏量小，一般可选用（　　）阀。
(A) 单座　　　　　(B) 双座　　　　　(C) 蝶　　　　　　(D) 角形

2-28 自动控制系统中控制阀气开、气关的确定依据是（　　）。
(A) 实现闭环回路的正反馈　　　　(B) 实现闭环回路的负反馈
(C) 系统放大倍数恰到好处　　　　(D) 生产的安全性

2-29 下列调节规律中，（　　）能消除余差。
(A) P　　　　　　(B) D　　　　　　(C) I　　　　　　(D) PD

2-30 比例调节器控制生产时，比例度越小，则比例作用越＿＿＿＿，余差越＿＿＿＿；在比例积分微分调节器控制生产时，积分时间越小，则积分作用越＿＿＿＿，微分时间越小，则微分作用越＿＿＿＿。

2-31 自动控制系统中控制器正反作用的确定依据是（　　）。
　　（A）实现闭环回路的正反馈　　　　　　（B）实现闭环回路的负反馈
　　（C）系统放大倍数恰到好处　　　　　　（D）生产的安全性
2-32 控制器"正"、"反"作用的定义，（　　）的说法才是严格无误的。
　　（A）控制器的输出值随着测量值的增加而增加的为"正"作用
　　（B）控制器的输出值随着偏差值的增加而增加的为"正"作用
　　（C）控制器的输出值随着正偏差值的增加而增加的为"正"作用
　　（D）控制器的输出值随着设定值的增加而增加的为"正"作用
2-33 试确定下图中温度控制系统中控制器的正反作用方向。

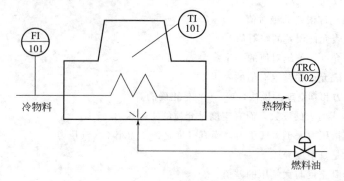

项目3 操作贮槽的液位控制系统

【项目描述】 你将进入某化工厂,操作贮槽液位控制系统。你将首先熟悉整个贮槽液位控制系统装置的工艺过程,明白各种液位测量方法,熟练使用常用液位测量仪表,认识阀门定位器的作用,会数字显示仪表的使用,会判别自动控制系统的优劣,熟悉控制器PID参数对自动控制系统的影响,会经验试凑整定控制器的PID参数。

【项目学习目标】

本项目通过操作小型综合控制系统中贮槽液位的控制系统,达到以下目标。

① 学会常用液位测量仪表的使用;
② 学会数字显示仪表的使用;
③ 能识别自动控制系统的过渡过程及其指标;
④ 明确控制器PID参数对自动控制系统质量影响的重要性;
⑤ 学会控制器的PID参数整定。

如图3-1为一小型综合控制系统。该小型综合控制系统可实现温度、压力、流量、液位的手-自动控制,能进行温度、压力、流量、液位等各种测量仪表及变送器的调校。

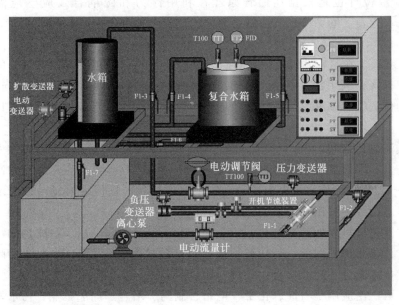

图3-1 贮槽系统

任务 3.1 使用液位检测仪表

【任务描述】 了解常用液位计和液位变送器,熟练掌握常用液位计和液位变送器的使用方法,熟悉常用液位计和液位变送器的安装要求。

任务 3.1.1 使用玻璃板式液位计

图 3-2 为玻璃板式液位计。

玻璃板式液位计应用于各种液体的液位测量,也适用于两种不同介质密度的界面测量,可直接观测到液位变化,是一种直读式液位计。

玻璃板式液位计是利用连通器的原理,特点是显示清晰、无盲区、密封性能好、耐高温、耐高压、重量轻、寿命长、无泄漏、结构简单、冲洗、维护方便。

玻璃板式液位计上下阀体内装有钢球,当玻璃在外力下损坏时,钢球在容器内液位压力作用下自动密封,防止容器内液体外流。玻璃板式液位计阀门两端装有排污阀,可供排放空气、取样、冲洗,在检修时放出液位计内剩余液体。

图 3-2 玻璃板式液位计

思考与练习

① 对于高黏度液体是否适用玻璃板式液位计?
② 玻璃板式液位计能否做成远传指示液位?

任务 3.1.2 使用磁翻板式液位计

图 3-3 为磁翻板式液位计。

磁翻板式液位计也是根据连通管原理,利用浮力和磁耦合效应感应液位的变化,是现场直读式仪表。可将密封容器、敞口容器或地下贮槽内液体的液位高度直接显示。

如图 3-4 所示,在与容器连通的非导磁管(一般为不锈钢)内,带有磁铁的浮子,随管内的液位一起升降,利用磁性的吸引,使得带有磁铁的红白两面分明的翻板或翻球产生翻转,有液体的位置红色朝外,无液体的位置白色朝外,根据红色指示的高度可以读得液位的具体数值。

磁翻板式液位计结构简单,安装、维护方便,灵敏可靠,指示醒目,配装专用的液位报警器,可实现上、下限液位远距离报警,若配装液位信号转换器,则可将液位高度的变化线性地转换成 4~20mA 标准直流电流信号,实现液位信号的远传集中显示、记录和控制,构成带有现场显示、远传发讯功能的液位计。

磁翻板式液位计可以做到高密封、防泄漏和适用于高温、高压、耐腐蚀的场合。它弥补了玻璃板液位计指示清晰度差、易破裂等缺陷,且全过程测量无盲区、显示清晰、测量范围大。由于测量显示部分不与介质直接接触,所以对高温、高压、有毒、有害、强腐蚀介质更显其优越性。可广泛应用于石油、化工、电站、制药、冶金、船舶工业、污水处理等行业的罐、槽、箱等容器的液位检测。

图 3-3 磁翻板式液位计

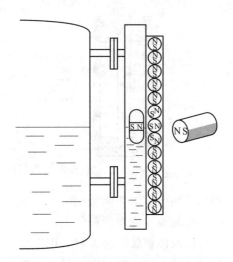

图 3-4 磁翻板式液位计工作原理

 思考与练习

① 液位越高，从磁翻板式液位计上看到的_____色越高；

② 磁翻板式液位计是否可以做成远传指示液位？

任务3.1.3 使用电容式物位计

在金属容器中插入一电极构成电容物位计，如图 3-5 所示。如果容器内物料产生的电容量为 C_1，物料上空气产生的电容量为 C_2，当物料高度 h 发生变化时，C_1 和 C_2 都会改变，引起总电容量 C 变化，而且，总电容量 C 的变化量与物位高度 h 成正比关系，由电容检测转换电路最后得到 4~20mA 标准电流信号。

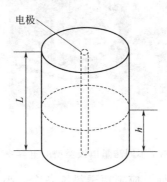

图 3-5 电容式物位计原理

（1）测量非导电介质的液位

当测量石油制品、有机液体等非导电介质的液位高度时，其电极由内、外两个电极组成，如图 3-6 所示。内、外电极之间用绝缘材料隔开，外电极上开有孔，让被测液体能自由地流进流出。

（2）测量导电介质的液位

当测量导电介质的液位高度时，内电极用绝缘材料覆盖，如图 3-7 所示，而外电极由金

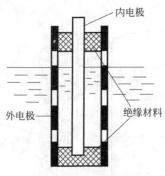

图 3-6 测非导电物料的电极

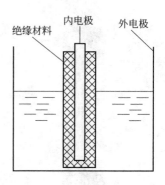

图 3-7 测导电液体的电极

属容器壁和导电液体共同组成。

(3) 测量固体物质的料位

当测量固体物质的高度时，内电极用不锈钢金属棒，而外电极由金属容器壁组成，如果固体物料是导电的，则在内电极外用绝缘材料覆盖，测量原理如图 3-7 所示的导电介质的液位测量。

 思考与练习

① 用电容式物位计测量非导电介质的液位时，电极_____；

② 用电容式物位计测量导电介质的液位时，电极_____。

知识拓展 电容物位计

电容式物位计的测量电极有棒式、缆式和重型缆式三种，如图 3-8 所示。

棒式　　　　　缆式　　　　　重型缆式

图 3-8 不同测量电极类型的电容物位计

电极长度可根据现场需要选择，应稍短于料位高度，小于 2.5m 时应选用棒式电极，超过此长度应选用缆式电极，测量固体物料并且电极长度超过 3～5m 时应选用重型缆式电极，液体物料可用轻型缆式电极。

任务 3.1.4 使用辐射式物位计

辐射式物位计最常用的是 γ 射线物位计，它是利用放射性物质发出 γ 射线，当该 γ 射线穿过物料时会被物料所吸收，因此，接收器得到的强度就会减弱，物位高度越高，γ 射线经过的路线越长，物料吸收的 γ 射线越多，接收器得到的 γ 射线强度就越弱。

γ射线物位计是一种非接触式物位计，具有体积小，重量轻，灵敏度高，反应快，安装方便，不易出毛病，维修量小，不受高温、高压、强酸、强碱等特殊环境影响，也不会影响物料的正常流程等优点。

γ射线物位计的接收探头与放射源一般是相对安放于物料容器两侧，放射源窗口正对探头。探头为筒形，铝质外壳，内装有两支计数管和射极输出器。γ射线穿过计数管时，计数管产生电脉冲信号，其频率正比于探头处γ射线通入量，探头的电脉冲输出信号为防扰动，由四芯屏蔽电缆线送到转换仪表，转换仪表把探头送来的尖脉冲转变为4～20mA标准电流信号。

射线式物位计由于射线对人体有害等原因，逐步被禁止使用。

思考与练习

① γ射线物位计是一种＿＿＿＿＿＿＿＿＿＿物位计；

② 对有毒、有害、有腐蚀、易氧化液体的液位，常放置在密闭容器内，这时的液位测量使用＿＿＿＿＿＿＿＿＿＿物位计非常合适。

任务3.1.5　使用雷达物位计

如图3-9所示为一雷达物位计。

雷达物位计天线发出微波脉冲，在被测物料表面产生反射，并被雷达系统所接收，再传给测量转换电路，由微处理器对信号进行处理，识别出微波脉冲在物料表面所产生的回波所经过的时间，即可算出物位的高度，并转换成4～20mA标准电流信号，如图3-10所示。

图3-9　雷达物位计

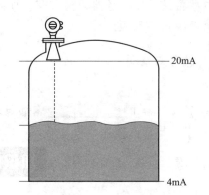

图3-10　雷达物位计的原理

思考与练习

雷达物位计是利用＿＿＿＿＿＿＿＿＿＿来测量液位的。

任务3.1.6　使用差压式液位变送器

对于液体，液柱的高度与液柱的静压成正比关系。因此，测出液体的静压便可知道液位的高度，如图3-11所示。

根据流体静力学原理：

$$P_{绝} = h\rho g + P_{气}$$
$$P = P_{绝} - P_{大气} = h\rho g + P_{气} - P_{大气}$$

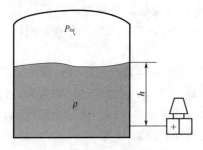
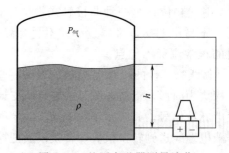

图 3-11 压力计测量液位　　　　　　图 3-12 差压变送器测量液位

当被测介质的密度 ρ 是已知时，如果 $P_气$ 为固定值，压力与液位高度成线性关系，用压力变送器就可以测量出液位。

当液面上面的气体压力 $P_气$ 变化时，压力变送器的输入压力 P 将也随之发生改变，从而产生测量误差，这时应使用差压变送器，如图 3-12 所示。

$$P_+ = h\rho g + P_气$$
$$P_- = P_气$$
$$\Delta P = P_+ - P_- = h\rho g + P_气 - P_气 = h\rho g$$

用差压变送器测量液位，差压变送器的输入压力差 ΔP 与液面上面的气体压力 $P_气$ 无关，差压变送器将代表液位高度的压力差 ΔP 线性转换成 4~20mA 电流输出信号。

用差压式液位计测量液位时，由于周围环境的影响，差压变送器不一定正好安装在与最低液面同一水平线的位置，以及为了防腐蚀而必须加装隔离装置，通过隔离液来传递压力信号，这些都使差压变送器的输入有一项固定的输入，给测量带来了一些问题，必须通过零点迁移来解决这些问题。

 思考与练习

① 敞口容器用_____来测量液位；
② 密闭容器用_____来测量液位；
③ 用差压式液位计来测量液位，液体密度变化对测量_____影响。

知识拓展　零点迁移

（1）无迁移

当差压变送器与被测液位的最低液面齐平时，差压变送器的输入压差为

$$\Delta P = P_+ - P_- = h\rho g + P_气 - P_气 = h\rho g$$

当液位 h 由零变化到量程最高液位 h_{max} 时，ΔP 由零变化到最大差压 ΔP_{max}，差压变送器的输出从 4mA 变化到 20mA，被测液位与差压变送器输出信号关系如图 3-12 所示，这属于无迁移情况。

（2）正迁移

在实际测量中，差压变送器并不一定与最低液面齐平，如图 3-13 所示。这种情况下，被测液位与差压变送器输出信号关系如图 3-14 中 A 曲线所示。

液位为 0 时，输出信号不为零点（4mA），而且如果变送器量程比较小（如只到 h_{max}）时，$h_{max} - h_1 \sim h_{max}$ 之间的液位就无法测量，因此，需要把仪表的零点迁移，使液位为 0 时，变送器输出为 4mA，如图 3-14 中 B 曲线所示。

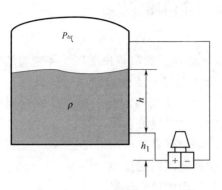

图 3-13　正迁移液位测量原理图

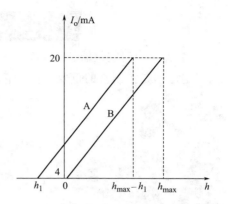

图 3-14　正迁移情况下液位与变送器输出关系

正迁移以后的差压变送器输出信号与输入压力之间的关系如图 3-15 所示。

(3) 负迁移

在液位测量中，还经常会遇见容器内的液体和气体直接进入差压变送器的取压室将造成堵塞或腐蚀的情况，所以，在差压变送器的正、负压室与取压点之间分别装有隔离罐，或如图 3-16 所示采用法兰式差压变送器。由于法兰内装有金属膜片，把介质隔开，并通过毛细管与差压变送器连接，在毛细管内充有硅油，作为传压介质。当液位 h 为零时，$\Delta P = h_3 \rho g - (h_1 + h_2) \rho_1 g < 0$，差压变送器的输出小于 4mA，超出了标准信号范围，使测量无法实现，因此必须进行负迁移。采用法兰式差压变送器测量液位时，一定为负迁移，而迁移量与差压变送器的安装位置无关。

迁移是利用迁移装置来实现的。差压变送器进行迁移后，迁移装置产生作用来抵消毛细管产生的固定压差对差压变送器的输出电流产生的影响，使液位为 0 时输出电流等于 4mA。

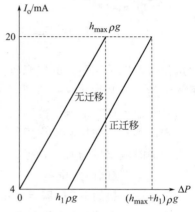

图 3-15　正迁移后差压变送器压力与输出关系

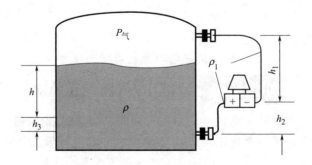

图 3-16　负迁移液位测量原理图

迁移仅仅改变了差压变送器的零位，并不改变量程，所以，迁移使差压变送器的特性曲线平移。

任务 3.2　操作带电/气阀门定位器的控制阀

【任务描述】　知道阀门定位器的作用、种类，会带电/气阀门定位器的控制阀的操作。

任务 3.2.1 认识阀门定位器

图 3-17 为一阀门定位器。

阀门定位器是控制阀的重要附件,它与控制阀配套使用。阀门定位器接受控制器的控制信号与反映阀门开度的反馈信号比较后产生输出信号输送给控制阀,改变控制器的控制信号与阀门的开度对应关系。

阀门定位器有气动阀门定位器、电/气阀门定位器和智能阀门定位器。

(1) 气动阀门定位器

如果输入为气动控制信号,可以采用气动阀门定位器。阀门定位器可以提高执行机构的线性度,实现准确定位,并且可以改变执行机构的特性,从而可以改变整个执行器的特性,所以阀门定位器可以改变阀门的流量特性;阀门定位器可以采用更高的气源压力,可增大执行机构的输出力、克服阀杆的摩擦力、消除不平衡力的影响和加快阀杆移动的速度;调整阀门定位器,可以改变信号放大倍数,即改变输出信号对输入信号的响应范围,实现分程控制。

图 3-17 阀门定位器

定位器有正作用和反作用,正作用当信号压力增加时输出压力也增加,而反作用当信号压力增加时输出压力减少,正、反作用是可以通过调整改变的。

(2) 电/气阀门定位器

采用电/气阀门定位器后,可直接用电动控制仪表输出的 4~20mA 信号去操作气动执行机构。一台电/气阀门定位器,同时具有电气转换器和气动阀门定位器两个作用,而且由于电/气阀门定位器与执行机构安装在一起,可减少气动控制信号传输距离,减少传递滞后,因此,采用电/气阀门定位器的居多。

 思考与练习

① 阀门定位器有_____三种;

② _____阀门定位器可直接与电动控制器配套使用。

知识拓展 智能电/气阀门定位器

随着电子技术和计算机技术的发展,出现了智能电/气阀门定位器。智能电/气阀门定位器小巧精致,功能齐全,采用微处理器和功能模块,可以进行组态,从而实现指示、报警、行程限位、分程控制等。

智能电/气阀门定位器构成原理如图 3-18 所示,是把控制阀的反映阀门开度的位置信号转换为电信号,然后,在微处理器中与控制器送来的控制信号进行比较,产生偏差,微处理器根据偏差发出控制指令,比传统阀门定位器采用力矩平衡原理工作精度大大提高;调试通过功能键来完成,方便、简单,不像传统阀门定位器工作点的调整需准确放置反馈凸轮的位置非常难调;当阀位没有达到给定位置时会进行报警;具有故障自诊断功能。

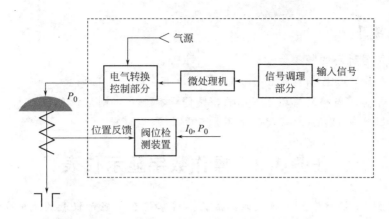

图 3-18 智能电/气阀门定位器构成原理图

任务3.2.2 操作带阀门定位器的控制阀

带电/气阀门定位器的控制阀，如图 3-19 所示。

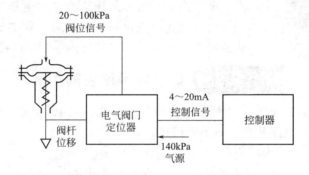

图 3-19 带电/气阀门定位器的控制阀

控制器的 4~20mA 控制信号先输入阀门定位器，在阀门定位器内与代表阀门开度的阀杆位移进行比较后给出阀位信号，使阀门开度与控制器来的控制信号成一一对应关系。

阀门定位器所需要的气源为 140kPa 的洁净压缩空气。

将控制器的手-自动切换开关置于"硬手动"位置，拨动硬手动拨杆至 0% 位置，观察阀门开度应为全关（气开阀），如不是全关，则调整阀门定位器的零位调节螺钉，使阀门全关，并从阀杆位置看到阀位指示指零。

然后拨动控制器的硬手动拨杆至 100% 位置，观察阀门开度应为全开（气开阀），如不是全开，则调整阀门定位器的量程调节螺钉，使阀门全开，并从阀杆位置看到阀位指示 100%。

再拨动控制器的硬手动拨杆至 50% 位置，观察阀门应开一半，如不是开一半，说明阀门定位器的线性不好，则应调整阀门定位器的反馈凸轮位置，使阀门开一半。该调整必须慎重，如果调整不好，线性会更差，一般出厂之前，制造厂家已经将线性调好。为了预防调整不好，在做该项调整前，可先在反馈凸轮上原来位置处做一个记号。

当零位、满度和线性都已调整好以后，拨动控制器的硬手动拨杆，开关阀门，控制器上的输出指示应与阀杆指示一一对应。

思考与练习

① 阀门定位器所用的气源为＿＿＿＿＿kPa；
② 对于气关阀，当控制器输出4mA，阀门没有全开，则应调整＿＿＿＿＿；
③ 对于气开阀，当控制器输出20mA，阀门没有全开，则应调整＿＿＿＿＿；
④ 当控制器输出12mA，阀门开度不是50%，则应调整＿＿＿＿＿。

任务3.3 操作数字显示仪表

【任务描述】 了解数字显示仪表的组成，熟练掌握数字显示仪表的使用方法。

图3-20 数字显示仪表

数字显示仪表与检测元件或变送器配合，显示出各种化工变量，具有测量速度快、精度高、读数清晰直观无误差、带数码输出、具有数据运算功能、便于通信等优点。

数字显示仪表的输入信号有电压型、电阻型和频率型三类。电压型输入信号是连续变化的电压或电流信号，电阻型输入信号是连续变化的电阻信号，频率型输入信号是连续变化的频率或脉冲序列信号，图3-20为一数字显示仪表。

任务3.3.1 数字显示仪表的组成

数字显示仪表的组成如图3-21所示，由转换放大器、模拟/数字（A/D）转换器、非线性补偿环节、标度变换电路和数字显示器组成。

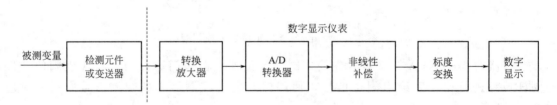

图3-21 数字显示仪表的组成

（1）转换放大器

转换放大器的作用是将检测变送器送来的大小、种类不同的信号统一起来。把经测量仪表送来的多种多样信号统一地转换成0～10mV，0～30mV，0～50mV 等几种标准电压信号。使用较高的统一信号电平，能适应更多的输入信号种类，可以提高对大信号的测量精度；采用较低的统一信号电平，则对小信号的测量精度高。如何选择统一信号电平的高低，应根据被测信号的大小而定。

（2）A/D转换器

A/D转换器又叫模/数转换器，它的任务是将转换放大器送来的代表工艺变量的模拟量变换成数字量。

（3）非线性补偿环节

在化工测量中，很多检测元件或变送器的输出信号与被测变量之间是非线性关系，例如，孔板流量计的输出信号与流量之间是开方关系，温度与热电偶的热电势、温度与热电阻的电阻值之间都是非线性关系。为了更准确指示工艺变量,在数字化仪表中,都要对变量进行非线性的补偿,以消除或减小非线性误差。非线性补偿可用硬件或软件的方式来实现。

(4) 标度变换电路

在化工测量中,在数字显示仪表上显示出来的数字要求直接以温度、压力、流量、液位等被测变量的形式显示,这就存在一个标度变换问题,采用标度变换电路把微处理器处理完的信号转换成工程单位显示。

(5) 数字显示器

在数字显示仪表中,被测变量以数字的形式直接显示出来,供操作人员直观的读取测量结果。

在数字显示仪表中使用的数字显示器主要有:发光二极管显示器、荧光数码管显示器、液晶显示器、辉光数码管显示器等。

思考与练习

① 把测量仪表送来的不同信号转换成统一毫伏电压信号的电路为_____;
② 非线性补偿的方法有_____和_____两种;
③ A/D 转换器是把_____信号转换成_____信号;
④ 数字式显示仪表用_____显示被测变量的大小;
⑤ 在数字式显示仪表中,由于使用了_____电路,所以可直接得到被测变量的数值。

任务 3.3.2 数字显示仪表的使用

(1) 数字显示仪表的性能指标

① 显示位数　数字显示仪表以十进制数字显示的位数作为显示位数。位数越多,表达同一数的有效位越长,显示越准确。常用的有三位半、四位、七位半、八位,半位指该位指示数字只能为 1 或 0。化工生产中的数字显示仪表以三位半 $\left(3\frac{1}{2}位\right)$ 最多。$3\frac{1}{2}$ 位就是最小显示 0,最大显示 1999。

② 分辨率　数字显示仪表的分辨率是仪表在最低量程时,改变最末一位数字的被测变量变化量。以 $3\frac{1}{2}$ 位液位数字显示仪表为例,如果该表的最低量程为 1000cm,其分辨率为 1cm。数字显示仪表能显示的位数越多,分辨率越高。

③ 允许误差　数字显示仪表的允许误差指在标准条件下,经过预热、预调和校验之后,仪表本身所固有的绝对误差。

(2) 数字显示仪表的操作

数字显示仪表的面板上一般有零位和量程调整电位器旋钮。如没有,则面板上有一锁紧螺钉,将锁紧螺钉旋至"OPEN"位置,即可抽出表芯内的印制线路板上装有零位和量程调整电位器旋钮。如零位和量程不准确,可分别进行调整。注意:零位和量程调整相互有影响,需反复调整。

思考与练习

① 三位半就是指最高只能显示_____;

② 以 $3\frac{1}{2}$ 位液位数字显示仪表为例，该表的最低量程 5m，它的分辨率为＿＿＿＿＿＿；

③ 数字显示仪表的误差用＿＿＿＿＿＿误差来表示。

任务 3.4　操作单回路控制系统

【任务描述】　知道控制器 PID 参数对控制系统的影响规律，熟练分析控制系统的质量，会 PID 参数的工程整定方法，能完成液位控制系统的投运。

任务 3.4.1　判别控制系统过渡过程曲线

在自动控制系统中，被控变量不随时间变化的平衡状态称为静态，而把被控变量随时间变化的不平衡状态称为动态。

当自动控制系统处于静态时，整个系统处于一种相对的平衡状态，控制器的输出不变，控制阀不动作，但生产还在进行，物料和能量仍然有进有出，只是没有变化。

由于扰动的影响使静止的平衡状态被打破，被控变量发生变化，从而控制器得到偏差，产生控制作用，改变控制阀的开度，以克服扰动的影响，并力图使系统重新恢复平衡状态，这个过程被称为动态。静态与动态之间的关系如图 3-22 所示。

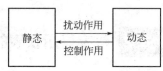

图 3-22　静态与动态转换关系

平衡是暂时的、相对的、有条件的，不平衡才是普遍的、绝对的、无条件的。扰动总是不断的产生，控制作用也就不断地去克服扰动的影响，所以自动控制系统总是一直处在运动状态之中，操作过程中关注的重点是系统的动态。

(1) 自动控制系统的过渡过程

当自动控制系统在动态过程中，被控变量不断地在变化，随时间而变化的过程称为自动控制系统的过渡过程。

一个完整的过渡过程应该从扰动出现，使被控变量发生变化开始，到扰动被控制作用克服，重新回到新的平衡状态为止，即系统从一个平衡状态过渡到另一个平衡状态的过程。

自动控制系统过渡过程的出现是由于扰动引起的，而在生产中扰动的出现是没有固定形式的，是随机的，对于不同的扰动，过渡过程的形式是不一样的，为了安全和方便，在自动控制系统的分析和设计中，一般都采用阶跃扰动，如图 3-23 所示。

阶跃扰动的数学表达式为

$$f(t) = \begin{cases} 0 & t < t_0 \\ A = 常数 & t \geq t_0 \end{cases}$$

上式表明，当 $t = t_0$ 时，突然变化 A，而且一经产生就持续下去不再消失。阶跃扰动在 t_0 时的变化率为无穷大，它是对被控变量影响最大，最不利于克服的扰动，实际的任何扰动变化率不可能是无穷大的，因此，若一个自动控制系统能够很好地克服阶跃扰动，必定能够有效的克服实际的扰动；用阶跃扰动得出的质量指标如满足要求，实际使用时其质量肯定能合格。另外，阶跃扰动的产生非常方便，任何生产中已安装的阀门在某一时刻突然改变开度都能产生阶跃扰动。

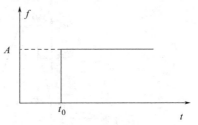

图 3-23　阶跃扰动

自动控制系统在阶跃扰动的影响下，其被控变量发生变化，系统可能出现的过渡过程形式有五种，如图3-24所示。以扰动加入时刻为 0 时刻，纵坐标以扰动加入前的被控变量的稳定值为 0 坐标。

① 非周期发散过程　被控变量在给定值的某一侧作缓慢变化，没有来回波动，被控变量越来越偏离给定值，如图 3-24(a) 所示。

② 非周期衰减过程　被控变量在给定值的某一侧作缓慢变化，没有来回波动，被控变量最后能够稳定在某一数值上，如图 3-24(b) 所示。

③ 发散振荡过程　被控变量在给定值上下来回波动，而且波动幅度逐渐变大，偏离给定值越来越远，如图 3-24(c) 所示。

④ 等幅振荡过程　被控变量在给定值上下来回波动，但波动幅度保持不变，被控变量永远不会等于给定值，如图 3-24(d) 所示。

⑤ 衰减振荡过程　被控变量在给定值上下来回波动，但波动幅度逐渐减小，被控变量最后稳定在某一数值上，如图 3-24(e) 所示。

非周期发散过程和发散振荡过程称为不稳定的过渡过程，被控变量不但达不到平衡状态，而且逐渐远离给定值，它们将导致被控变量超越工艺允许范围，严重时甚至会引起事故，这是生产上所不允许的，应尽量避免。所以，这两种过渡过程在实际生产中不被采用。

等幅振荡过程介于稳定和不稳定之间，由于其被控变量永远不会等于给定值，所以也被认为是不稳定的过渡过程，对于某些控制质量要求较低，被控变量允许在工艺许可的范围内波动的场合也可以采用。

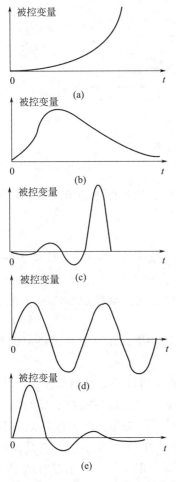

图 3-24　过渡过程的几种基本形式

非周期衰减过程和衰减振荡过程是衰减的，被控变量经过一段时间后，逐渐趋向原来的或新的平衡状态，被称为稳定过程。从理论上讲，最理想的过渡过程当然是被控变量始终保持在给定值上不变，但实际上是做不到的，一般希望能较快地衰减和稳定即可。

非周期衰减过程由于变化缓慢，被控变量长时间地偏离给定值而不能很快地恢复平衡状态，故化工生产中很少采用。但在机械加工控制中，不能有超调量出现，因此反而多采用非周期过程。

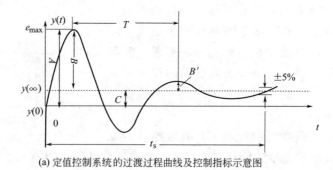

(a) 定值控制系统的过渡过程曲线及控制指标示意图

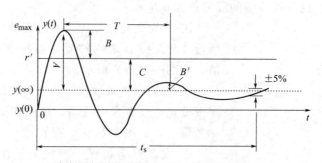

(b) 随动控制系统的过渡过程曲线与控制指标示意图

图 3-25 控制系统的控制指标示意图

由于衰减振荡过程能够较快地使系统稳定，且操作人员能很快地作出稳定的判断，因此是稳定系统追求的目标。

(2) 自动控制系统的质量指标

评价一个自动控制系统的好坏，主要看在扰动加入或者设定值变化后，系统能否快速、准确的达到新的稳定值。图 3-25 所示为衰减振荡过渡过程曲线及质量指标表示，其中图 3-25(a) 为定值控制系统过渡过程曲线及指标表示，图 3-25(b) 为随动控制系统的过渡过程曲线与控制指标表示。

用过渡过程评价系统质量时，习惯上用下面几项指标。这些指标均以原来的稳定状态为起点作为参照。

① 余差 $e(\infty)$　余差是控制系统过渡过程终了时，设定值 r 与被控变量稳态值 $y(\infty)$ 之差，即 $e(\infty)=r-y(\infty)$。定值控制系统在原来的稳定状态下，设定值与被控变量的检测值相等，即 $r=y(0)$，$e(\infty)=y(\infty)$。随动控制系统中，$r=r'$，而随动控制系统的最终稳态值一般不超过设定值，余差 $e(\infty)=r'-y(\infty)$。余差在图 3-25 中以 C 表示。余差是反映控制准确性的一个重要的稳态指标，从这个意义上说是越小越好，但不是所有系统对余差要求都很高。

② 衰减比 n　衰减比是衡量过渡过程稳定性的动态指标，它是指过渡过程曲线第一个波的振幅 B 与同方向第二个波的振幅 B' 之比，即 $n=B/B'$。显然，衰减比越小，过渡过程越接近等幅振荡，系统不稳定；衰减比越大，过渡过程越接近单调过程，过渡过程时间太长。一般认为，衰减比选择在 4∶1 至 10∶1 之间为宜。

③ 最大动态偏差 $e_{\max}$ 与超调量 δ　动偏差和超调量是描述被控变量偏离设定值最大程度的物理量，也是衡量过渡过程稳定性的一个动态指标。对扰动作用下的控制系统，过渡过程的最大动态偏差是指被控变量第一个波的峰值与设定值之差。在定值控制系统中，最大动偏

差为 e_{max}，随动控制系统中最大动偏差 $=e_{max}-r'$。在图 3-25 中用字母 A 表示。在设定作用下的控制系统中通常采用超调量来表示被控变量偏离设定值的程度，它的定义是第一个波的峰值与最终稳态值之差，图中用字母 B 表示。最大动偏差或超调量越大表明生产过程瞬时偏离设定值就越远。对于某些工艺要求比较高的生产过程需要限制动态偏差。

④ 振荡周期 T 过渡过程曲线同方向相邻两波峰之间的时间称作振荡周期或工作周期，它是衡量系统过渡过程快慢程度的一个质量指标，一般希望短一些好。

⑤ 过渡时间 t_s 过渡时间是指从系统受到扰动作用开始，到进入新的稳态所需要的时间。新的稳态一般指被控变量的波动范围在稳态值的 $\pm(2\sim5)\%$ 内。过渡时间也是衡量系统过渡过程快慢程度的一个质量指标，一般希望短一些好。

此外，还有其他一些指标，如峰值时间 t_p、上升时间 t_r 等，就不再一一介绍了。其中衰减比反映系统的稳定性，余差、最大动偏差和超调量反映系统的准确性，振荡周期和过渡时间反映系统的快速性。

这些控制指标在不同的控制系统中各有其重要性，互相制约，相互矛盾，抑制动态偏差就要产生较强的波动，要求稳态偏差小则相应的过渡过程时间就要长些，因此不能片面地追求某一指标，也不能要求高标准地同时满足所有指标，应根据工艺生产的具体要求分清主次，区别轻重，优先保证主要的控制指标。

思考与练习

① 阶跃扰动产生最方便，而且是所有扰动中最_____克服的扰动；
② 稳定的过渡过程形式是_____；
③ 自动控制系统中，一般都用_____过渡过程；
④ 衰减比在_____之间最好；
⑤ 过渡过程的静态指标有_____；
⑥ 实际过渡过程时间是被控变量衰减进入最终稳态值的_____范围之内所经历的时间。

知识拓展 对象特性

自动控制系统由控制器、控制阀、被控对象和传感器组成，因此，自动控制系统的质量与这四部分的特性有关，由于系统正常投运生产后控制阀和传感器特性的选择余地不大，所以，自动控制系统质量的改善，主要是根据被控对象的特性合理地选择控制器的规律及参数。

被控对象就是各种各样的工艺设备，在化工生产中，最常遇到的被控对象有各类换热器、加热炉、锅炉、塔器、反应器、储液罐、泵、压缩机等。这些设备外形和作用各异，但在自动化系统分析中，其特性具有一定共性，可以用相同的特征变量来表示。

被控对象的特性是指当被控对象输入发生变化时，被控变量的变化情况。

一般被控对象在阶跃输入下的对象特性可以用如图 3-26(b) 所示的一条以指数规律变化的曲线来描述，该特性由 K、T、τ 三个变量来决定其主要特点。

从控制系统方块图可以看出，被控对象的输入有扰动输入和控制输入，因此，被控对象特性又分控制通道特性和扰动通道特性，控制通道特性是指控制作用的影响通路，其输入是控制作用；扰动通道特性是指扰动作用的影响通路，其输入是扰动。由于控制通道和扰动通道所起的作用是不同的，因此，对控制通道的对象特性和扰动通道的对象特性有不同的要求。

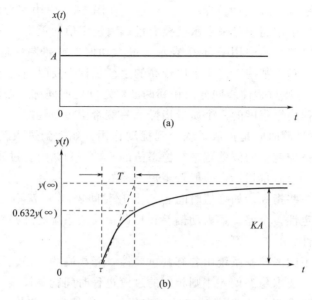

图 3-26 控制对象的特性曲线

(1) 静态放大倍数 K

静态放大倍数 K 是被控对象输出的稳态值 $y(\infty)$ 与输入的稳态值 $x(\infty)$ 之比。即，

$$K = \frac{y(\infty)}{x(\infty)}$$

① 控制通道静态放大倍数 K_o。 控制通道的静态放大倍数表示了控制作用的强弱。控制通道的静态放大倍数 K_o 大，代表了小的控制作用对控制系统有大的影响，即较小的阀门开度变化，使被控变量有较大的改变。从自动控制的角度来看，一般希望控制通道的静态放大倍数 K_o 大一点。但 K_o 太大，会出现调过头的现象，使系统振荡加剧，稳定性下降，所以 K_o 也不能太大。

② 扰动通道静态放大倍数 K_f 扰动通道静态放大倍数 K_f 表示了扰动对被控变量的影响程度。扰动通道静态放大倍数 K_f 大，说明扰动对控制系统的影响大，即较小的扰动对被控变量就有较大的影响。对生产系统来讲，大家都希望扰动的影响越小越好，而且克服也方便，显然，K_f 是越小越好。

(2) 时间常数 T

时间常数的定义为：被控对象在阶跃输入下，其输出如果始终按 $t=0$ 时的变化速率变化，则被控变量达到稳态值所需要的时间为 T，如图 3-26(b) 中的切线。

时间常数也可以定义为：被控对象在阶跃输入下，输出达到最终稳态值的 63.2% 所需要的时间即为 T。

时间常数 T 的大小代表了被控对象在输入的影响下，其输出的变化快慢。时间常数也称为容量滞后，时间常数大则称为容量滞后大。

① 控制通道的时间常数 T_o。 控制通道的时间常数 T_o 大，表示被控变量对控制作用的反应慢，则控制就不及时，对扰动的克服时间就长，对控制是不利的。但太小也容易出现超调，所以希望控制通道的时间常数 T_o 适当的小。

② 扰动通道的时间常数 T_f 扰动通道的时间常数 T_f 大，说明扰动对被控变量的影响就慢，变化越慢的扰动克服越容易，所以希望扰动通道的时间常数 T_f 越大越好。

(3) 纯滞后时间 τ

当输入已发生变化，但输出毫无反映，需经过 τ 时间才开始变化，时间 τ 就称为纯滞后时间。

纯滞后的存在使被控变量变化曲线在时间上滞后了 τ，但其形状与没有纯滞后的曲线完全一样。

① 控制通道的纯滞后时间 τ_o。控制通道的纯滞后时间 τ_o 大，表示被控变量在控制作用出现后的 τ_o 这段时间内毫无反映，控制作用一点没有效果，对扰动完全没有克服能力，所以希望控制通道的纯滞后时间 τ_o 越小越好，最好等于零。

② 扰动通道的纯滞后时间 τ_f 扰动通道的纯滞后时间 τ_f 大，说明扰动对被控变量的影响在时间上晚了 τ_f。扰动通道的纯滞后时间 τ_f 的大小对控制系统质量没有任何影响。

任务3.4.2 操作液位控制系统

（1）液位控制系统的投运

图 3-1 所示的小型综合控制系统可实现温度、压力、流量、液位的手-自动控制，现操作其中的液位控制系统来学习液位控制系统的操作方法。液位控制系统如图 3-27 所示。

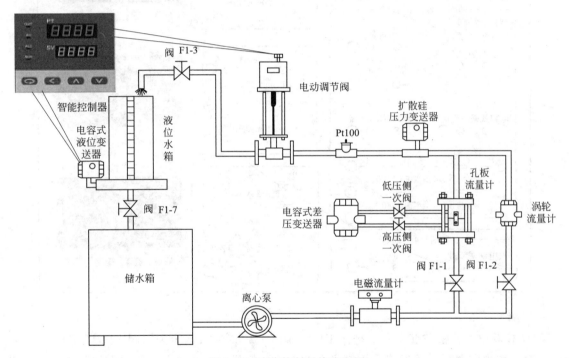

图 3-27 液位控制系统流程图

离心泵将储水箱中的水通过阀 F1-1、电动调节阀、阀 F1-3 打入液位水箱，液位水箱中的水又经过阀 F1-7 流回储水箱中循环使用。液位水箱的液位由电容式液位变送器来测量，电容式液位变送器将代表液位水箱液位的 4~20mA 的电流信号传送给如图 3-28 所示的仪表控制平台中的智能调节器，由智能调节器产生控制作用后传送给电动调节阀，通过电动调节阀开度的变化来改变液位水箱的进水量，从而使液位水箱的液位稳定在给定值上。

电容式液位变送器的测量范围为 0~50cm，现要求控制液位水箱的液位在 30cm 处。

按如图 3-28 所示连接仪表控制平台上的智能调节器和无纸记录仪，智能调节器使用智能调节器Ⅰ。

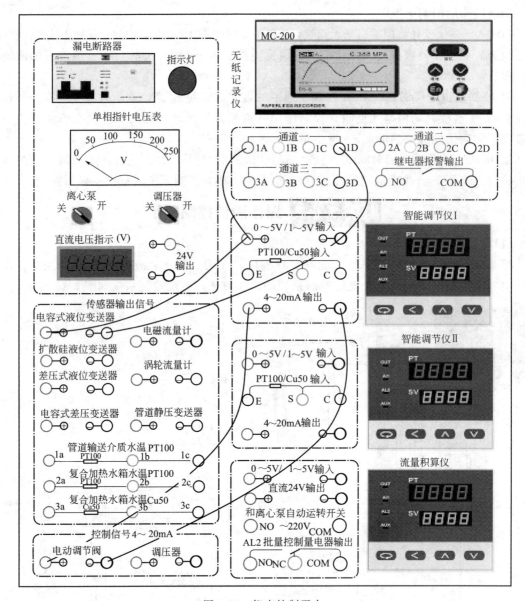

图 3-28 仪表控制平台

① 校验电容式液位变送器 把阀 F1-1、阀 F1-2 和阀 F1-3 全关，阀 F1-7 全开。

合上漏电断路器，接通仪表控制平台的电源；如智能调节器Ⅰ不在"手动"状态，则按 <　 键，切换至"手动"状态；转动离心泵开关至"开"处，启动离心泵；打开阀 F1-1 和阀 F1-3。如智能调节器Ⅰ的给定值显示窗口没有显示控制器输出值，则按 ⟲ 键，使给定值显示窗口显示控制器输出值。

按 ∨ 键，使电动调节阀全关，看测量值显示窗口，应指示"0"，如不指示"0"，说明电容式液位变送器的零位不准，则需调整电容式液位变送器的零位。旋开电容式液位变送器的外端盖，旁边标有 Z 的电位器为调零电位器，转动调零电位器，使智能调节器Ⅰ的测量值显示窗口指示"0"。

按智能调节器Ⅰ上的 ∧ 键，使电动调节阀全开，当从液位水箱上的标尺看到液位上升到 50cm 时，马上看智能调节器Ⅰ的测量值显示窗口，应指示"50"，如不指示"50"，说明电容式液位变送器的满度不准，则需调整电容式液位变送器的满度。在电容式液位变送器内，调零电位器边上，有一个旁边标有 S 的电位器为量程电位器，转动量程电位器，使智能调节器Ⅰ的测量值显示窗口指示"50"。

② 手动操作液位控制系统　按智能调节器Ⅰ上的 ∨ 键或 ∧ 键，改变电动调节阀的开度，使液位水箱的液位稳定在 30cm 处。

手动操作时要耐心，并考虑到控制器、控制阀的工作有一定的滞后，阀门开度改变后，水流量改变后水位的上升或下降也要一定的时间，所以操作时，按键后应等待一段时间，发现水位已基本不变时再做进一步的调整。

手动操作时阀门开度的最小变化量是 1%，因此，要使液位恰好稳定在给定值上往往是做不到的，一般能稳定在给定值附近即可。所以，手动操作的控制质量较差。

③ 自动控制液位　当水箱液位稳定在 30cm 附近时，反复按智能调节器Ⅰ上的 ⟳ 键，直到测量值显示窗口显示"P"，按 ∨、∧ 或 < 键，使给定值显示窗口显示"1"，说明控制器的放大倍数为"1"。

再按 ⟳ 键，使测量值显示窗口显示"I"，按 ∨、∧ 或 < 键，使给定值显示窗口显示"9999"，说明控制器没有积分作用。

再按 ⟳ 键，使测量值显示窗口显示"D"，按 ∨、∧ 或 < 键，使给定值显示窗口显示"0"，说明控制器没有微分作用。按 ⟳ 键，同时按 < 键，退出参数设置状态。

按 < 键切换至"自动"状态，再按 ⟳ 键，让给定值显示窗口显示给定值，按 ∨、∧ 或 < 键，使给定值显示窗口显示"30"，说明控制器的给定值为 30cm。自动控制系统进行自动控制，水箱液位最后在 30cm 附近稳定不变。人为的改变阀 F1-3 的开度，观察液位变化曲线，结合质量指标分析过程质量是否能满足要求。

思考与练习

改变阀 F1-3 的开度后，系统能不能稳定在 30cm 处？为什么？如果不能采取什么措施？

（2）PID 参数整定

为了适合不同的控制系统，就必须合理选择 PID 控制规律中的三个可调参数：比例度 δ（或放大倍数 K_c）、积分时间 T_i、微分时间 T_d。

选择合适的控制器 PID 参数在生产中称为控制器的 PID 参数整定。整定 PID 参数的方法有理论计算整定法和工程整定法两类。

理论计算整定法方法繁琐，计算复杂，所得到的数据可靠性差，因此生产中一般不采用。工程整定法直接在控制系统上整定，方法简单，计算方便，容易掌握，在生产中被广泛使用。

工程整定法有经验凑试法、衰减曲线法、临界比例度法和反应曲线法四种，生产中最常用的是经验凑试法和衰减曲线法。

工艺操作人员一般是按照提供的参数值直接设定 PID 参数。但需要根据运行情况适当调整参数值，调整过程类似于经验试凑法。

① 经验凑试法　它是人们在总结参数整定的基础上，利用已得到的实际经验，根据控制系统对象的特点，按照表 3-1 给出的参数大致范围，将控制器 PID 参数预先设置在该范围内的力度弱的数值上，然后施加一定的人为扰动（如改变给定值或负荷等），观察控制系统的过渡过程，若不够理想，则按控制器 PID 参数对控制系统的影响规律改变控制器的参数，经过反复凑试，直到获得满意的控制质量为止。

在 P、I、D 三个作用中，P 作用是最基本的作用，一般先凑试放大系数 K_c，再加积分作用，然后引入微分作用，最后再调整放大系数 K_c，直至过渡过程满足生产要求为止。

表 3-1 所列数据是各类系统参数的常见范围，在特殊情况下，参数的整定值可能会较大幅度超越所列范围。

表 3-1　经验法 PID 参数范围

被控变量	特　点	K_c	T_i/s	T_d/s
流量	被控对象容量滞后小，被控变量有杂散波动，K_c、T_i 要小，不用微分	1~2.5	6~60	
压力	被控对象容量滞后不大，K_c、T_i 略大，一般不用微分	1.4~3.3	20~180	2~20
温度	被控对象容量滞后较大，被控变量受扰动影响后变化迟缓，K_c、T_i 要大，一般都要用微分	1.6~5	180~600	10~100
液位	被控对象容量滞后范围较大，K_c、T_i 较大，要求不高时，K_c 可在一定范围内选取，并可不用积分，一般不用微分	1.25~25	60~600	

另外，变送器量程的大小对选取 K_c 的大小也有一定的关系，若变送器量程较大，则检测变送环节的放大倍数小，因此，放大系数 K_c 的数值需适当取大些，才能对相同的偏差产生同样的控制作用。

经验试凑法的实质是"看曲线、作分析、调参数、寻最佳"。经验试凑法简单可靠，对于外界扰动比较频繁的系统，尤为合适，因此，在生产上得到较为广泛的应用。但由于对过渡过程曲线没有统一的标准，曲线的优劣在一定程度上取决于整定者的主观意愿，因此这种整定方法控制质量不高。另外，在需要凑试 K_c、T_i、T_d 三个参数时，花费的时间较多。

② 经验试凑法整定 PID 控制器参数

- 纯比例凑试。将水箱液位系统通过手动操作稳定在给定值 30cm 附近，查表 3-1 得到液位系统控制器大致放大倍数 K_c 为 1.25~25，如事先完全不知道，则将放大倍数 K_c 先设为 1（智能调节器 K_c 最小改变量为 1），如已知大致值，则放置在该值上。

将积分时间 T_i 设置为最大值"9999"，说明控制器没有积分作用；将微分时间 T_d 设置在"0"，说明控制器没有微分作用。

切换智能调节器至"自动"状态，并使给定值显示窗口显示给定值，把给定值调整为 30cm，等待系统稳定。

快速将阀 F1-2 开大 25%，观察无纸记录仪中液位的变化情况，待系统重新稳定后，把数据填入表 3-2，并计算出衰减比。

如衰减比不等于 4，则需要对放大系数 K_c 进行调整。根据放大系数 K_c 与控制质量的关系，放大系数 K_c 越大，衰减比 n 将越小，系统振荡越厉害，稳定性越差。所以，如衰减比大于 4，则应将放大系数 K_c 增加。

表 3-2 经验凑试法记录表

放大系数 K_c	积分时间 T_i	微分时间 T_d	第一峰值	第二峰值	稳态值	衰减比

把阀 F1-2 快速关闭，等待系统重新稳定。

在阀 F1-2 打开和关闭时，同样的放大系数 K_c 会得到不同的衰减比。原因是改变阀 F1-2 的开度，使流入水箱的流量变化，即改变负荷。而不同的负荷要求相同的衰减比时，其放大系数 K_c 是不一样的。

将阀 F1-2 开大 25%，观察记录曲线，待系统重新稳定后，把数据填入表 3-2，并计算出衰减比。

如衰减比还是大于 4，则将放大系数 K_c 再增加，然后把阀 F1-2 快速关闭，待系统重新稳定后，再将阀 F1-2 开大 25%，观察记录曲线，待系统重新稳定后，把数据填入表 3-2，并计算出衰减比。

如衰减比小于 4，则应将放大系数 K_c 减小，然后把阀 F1-2 快速关闭，待系统重新稳定后，再将阀 F1-2 开大 25%，观察记录曲线，待系统重新稳定后，把数据填入表 3-2，并计算出衰减比。

如此不断进行，直至出现 4∶1 衰减振荡曲线为止。

• 积分时间凑试　将在纯比例时得到的 4∶1 衰减振荡的 K_c 减"1"作为比例积分控制的放大系数；查表 3-1 得到液位系统的大致控制器积分时间 T_i 为 60～600，如事先完全不知道积分时间 T_i 应为多大，则将积分时间 T_i 修改为"600"，如已知大致值，则放置在该值上。而微分时间 T_d 还是设置在"0"，说明控制器没有微分作用。

把阀 F1-2 快速关闭，待系统重新稳定后，再将阀 F1-2 开大 25%，观察记录曲线，待系统重新稳定后，把数据填入表 3-2，并计算出衰减比。

如过渡过程曲线在给定值上单边振荡逐步靠近给定值，或在给定值上下不对称振荡，如图 3-29 所示，说明积分时间太大，则应将积分时间 T_i 减小。

然后，把阀 F1-2 快速关闭，待系统重新稳定后，再将阀 F1-2 开大 25%，观察记录曲线，待系统重新稳定后，把数据填入表 3-2，并计算出衰减比。

如过渡过程曲线还是在给定值上单边振荡逐步靠近给定值，或在给定值上下不对称振荡，则应将积分时间 T_i 再减小。

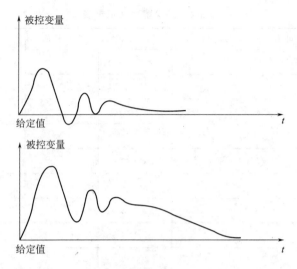

图 3-29 积分时间太大出现的单边振荡

如过渡过程曲线在给定值上下振荡较厉害，衰减比远远小于 4，说明积分时间 T_i 太小，因为，积分时间 T_i 越小，衰减比 n 将越小，系统振荡越厉害，稳定性越差，所以，应将积分时间 T_i 增大一些，然后把阀 F1-2 快速关闭，待系统重新稳定后，再将阀 F1-2 开大 25%，观察记录曲线，待系统重新稳定后，把数据填入表 3-2，并计算出衰减比。

如此不断进行，直至过渡过程曲线在给定值上下对称振荡，衰减比接近 4。

然后再将放大系数 K_c，向使系统衰减比等于 4 的方向改变，把阀 F1-2 快速关闭，待系统重新稳定后，再将阀 F1-2 开大 25%，观察记录曲线，待系统重新稳定后，把数据填入表 3-2，并计算出衰减比、最大偏差和过渡时间。直到衰减比等于 4 满足要求为止。

• 微分时间凑试。将放大系数 K_c 修改为在比例积分时得到的 4∶1 衰减振荡时的放大系数增大 "1"；将积分时间 T_i 修改为在比例积分时得到的 4∶1 衰减振荡时的积分时间减小 "10"；如事先完全不知道微分时间应为多大，则将微分时间 T_d 修改为 "1"，如已知大致值，则放置在该值上。然后，把阀 F1-2 快速关闭，待系统重新稳定后，再将阀 F1-2 开大 25%，观察记录曲线，待系统重新稳定后，把数据填入表 3-2，并计算出衰减比、最大偏差和过渡时间。

微分时间 T_d 越大，衰减比 n 将越大，最大偏差越小，过渡时间越短；但微分时间 T_d 太大时，衰减比 n 反而会随微分时间 T_d 减小，甚至出现发散，变为不稳定。

如衰减比远远大于 4、最大偏差较大和过渡过程时间较长，则将微分时间 T_d 增大一些，然后把阀 F1-2 快速关闭，待系统重新稳定后，再将阀 F1-2 开大 25%，观察记录曲线，待系统重新稳定后，把数据填入表 3-2，并计算出衰减比、最大偏差和过渡时间。

如过渡过程曲线在给定值上下振荡较厉害、衰减比远远小于 4、最大偏差较大和过渡过程时间较长，则将微分时间 T_d 减小一些，然后把阀 F1-2 快速关闭，待系统重新稳定后，再将阀 F1-2 开大 25%，观察记录曲线，待系统重新稳定后，把数据填入表 3-2，并计算出衰减比、最大偏差和过渡时间。

如此不断进行，直至最大偏差较小、过渡过程时间较短，衰减比接近 4 为止。

然后再将放大系数 K_c，向使系统衰减比等于 4 的方向改变，把阀 F1-2 快速关闭，待系统重新稳定后，再将阀 F1-2 开大 25%，观察记录曲线，待系统重新稳定后，把数据填入表

3-2，并计算出衰减比、最大偏差和过渡时间。直到衰减比等于4满足要求为止。

思考与练习

① 理论计算整定法需要获得_____，所以很少采用；
② 电容式液位变送器内标有Z的电位器为_____；
③ 电容式液位变送器满度不准，应调_____；
④ 经验凑试法按照_____的步骤进行整定；
⑤ 衰减比大于4，应将放大倍数K_c调_____；
⑥ 如果过渡过程曲线在稳态值上下单边振荡或不对称振荡，说明_____；

知识拓展 控制参数对控制质量的影响

（1）放大倍数K_c对控制系统的影响

将水箱液位系统通过手动操作稳定在给定值30cm附近，将放大倍数K_c设为1；积分时间T_i设置在"9999"，说明控制器没有积分作用；微分时间T_d设置在"0"，说明控制器没有微分作用。

切换智能调节器至"自动"状态，并使给定值显示窗口显示给定值，把给定值调整为30cm，等待系统稳定。

快速将阀F1-2开大25%，观察无纸记录仪中液位的变化情况，待系统重新稳定后，计算出衰减比、最大偏差、过渡过程时间和余差，并填入表3-3。

表3-3 放大系数K_c对控制系统的影响

放大系数	衰减比	最大偏差	过渡过程时间	余差
1				
2				
3				
4				
5				
6				
7				

把阀F1-2快速关闭，观察趋势曲线的变化情况，直至系统稳定。

将控制器放大系数K_c修改为"2"，再快速将阀F1-2开大25%，观察无纸记录仪中液位的变化情况，待系统重新稳定后，计算出衰减比、最大偏差、过渡过程时间和余差，并填入表3-3。

重复上述过程，但每次都先将阀F1-2快速关闭，待系统重新稳定后，再将控制器放大系数K_c增大"1"，然后，将阀F1-2开大25%，待系统重新稳定后，计算出衰减比、最大偏差、过渡过程时间和余差，并填入表3-3，直至系统出现等幅振荡为止。

按照表3-3中K_c与质量指标的规律，分析出控制系统质量指标与K_c的关系。

（2）积分时间T_i对控制系统的影响

将控制器积分时间T_i修改为"600"，再快速将阀F1-2开大25%，观察无纸记录仪中液位的变化情况,待系统重新稳定后,计算出衰减比、最大偏差、过渡过程时间和余差,并填入表 3-4。

表 3-4 积分时间 T_i 对控制系统的影响

放大系数	衰减比	最大偏差	过渡过程时间	余差
600				
500				
400				
100				
90				
80				
70				

把阀 F1-2 快速关闭,观察趋势曲线的变化情况,直至系统稳定。

将控制器积分时间 T_i 修改为"500",再快速将阀 F1-2 开大 25%,观察无纸记录仪中液位的变化情况,待系统重新稳定后,计算出衰减比、最大偏差、过渡过程时间和余差,并填入表 3-4。

重复上述过程,但每次都先将阀 F1-2 快速关闭,待系统重新稳定后,再将控制器积分时间 T_i 减小"100"(当积分时间小于 100 后则每次减小 10),然后,将阀 F1-2 开大 25%,待系统重新稳定后,计算出衰减比、最大偏差、过渡过程时间和余差,并填入表 3-4,直至系统出现等幅振荡为止。

按照表 3-4 中 T_i 与质量指标的规律,分析出控制系统质量指标与 T_i 的关系。

(3) 微分时间 T_d 对控制系统的影响

将控制器微分时间 T_d 修改为"1",再快速将阀 F1-2 开大 25%,观察无纸记录仪中液位的变化情况,待系统重新稳定后,计算出衰减比、最大偏差、过渡过程时间和余差,并填入表 3-5。

表 3-5 微分时间 T_d 对控制系统的影响

放大系数	衰减比	最大偏差	过渡过程时间	余差
1				
2				
3				
4				
5				
6				
7				

把阀 F1-2 快速关闭,观察趋势曲线的变化情况,直至系统稳定。

将控制器微分时间 T_d 修改为"2",再快速将阀 F1-2 开大 25%,观察无纸记录仪中液位的变化情况,待系统重新稳定后,计算出衰减比、最大偏差、过渡过程时间和余差,并填入表 3-5。

重复上述过程,但每次都先将阀 F1-2 快速关闭,待系统重新稳定后,再将控制器微分

时间 T_d 减小"1",然后,将阀 F1-2 开大 25%,待系统重新稳定后,计算出衰减比、最大偏差、过渡过程时间和余差,并填入表 3-5,直至系统出现等幅振荡为止。

按照表 3-5 中 T_d 与质量指标的规律,分析出控制系统质量指标与 T_d 的关系。

小结

1. 常用的液位测量仪表有玻璃板式计、磁翻板式液位计、电容式物位计、辐射式物位计、雷达物位计和差压式液位变送器。玻璃板计和磁翻板式液位计只能现场指示,电容式物位计、辐射式物位计、雷达物位计和差压式液位变送器能将压力转换成标准信号,实现远传和控制。

2. 阀门定位器是气动阀门的重要附件,使用阀门定位器可大大改善阀门的动、静态性能;改变阀门定位器中反馈凸轮的形状,可使控制阀的流量特性发生变化;改变阀门定位器中反馈凸轮的安装情况(正、反装),可改变控制阀的气开和气关形式。电/气阀门定位器可直接与电动控制器或计算机配套使用。

3. 数字显示仪表具有显示速度快、读数清晰直观等优点,是化工生产中目前被大量使用的一种显示仪表。

4. 自动控制系统的质量指标有衰减比、最大偏差、超调量、余差、过渡过程时间、振荡周期等。质量指标互相制约、相互矛盾,不可能同时满足,在实际生产中一般满足主要指标。

5. 影响自动控制系统质量指标的因素有很多,主要由控制器、控制阀、被控对象和传感器的特性来决定。在通常情况下,控制阀和传感器特性的变化余地较小,所以,自动控制系统的质量指标主要通过合理选择控制器 PID 参数来满足。

6. 被控对象的特性主要由放大倍数、时间常数和纯滞后时间来决定。一个好的被控对象应该是控制通道的放大倍数 K_o 稍大、时间常数 T_o 较小、没有纯滞后 τ_o;扰动通道的放大倍数 K_f 较小、时间常数 T_f 越大越好,纯滞后 τ_f 无影响。

7. 目前的控制系统都采用 PID 控制规律,实际生产中,一般液位系统采用纯比例(P),除非特别重要的场合可采用比例积分(PI);流量和压力用比例积分(PI);温度和成分用比例积分微分(PID)。

8. PID 控制规律中有三个可调参数:放大倍数 K_c、积分时间 T_i 和微分时间 T_d,为了使不同的系统都能有较好的控制质量,合理地选择 PID 参数非常重要。

9. 放大倍数 K_c 越大,比例作用越强,系统稳定性越差,衰减比 n 越小,最大偏差越小,余差越小,过渡过程时间越短。放大倍数 K_c 越大,除稳定性变差之外,其他质量指标都变好。

10. 积分时间 T_i 越小,积分作用越强,系统越快,系统稳定性越差,衰减比 n 越小。为了使稳定性不变,在实际使用时往往在引入积分或减小积分时间时减小放大倍数 K_c,这样,在消除余差的前提下,由于放大倍数 K_c 的减小使其他质量指标都下降。

11. 微分时间 T_d 越大,微分作用越强,系统稳定性越好,衰减比 n 越大,最大偏差越小,过渡过程时间越短。但当微分时间 T_d 很大时,微分时间 T_d 再增大时,系统稳定性会变差,衰减比 n 变小,甚至出现发散振荡。

12. 确定控制器的 PID 参数称为控制器 PID 参数的整定,有理论计算整定法和工程整定法两种。理论计算整定法需要知道被控对象的数学模型,在生产中较难实现,因此,一般都采用工程整定法。

13. 控制器 PID 参数的工程整定法有经验凑试法、衰减曲线法、临界比例度法和反应曲线法四种,生产中常用经验凑试法和衰减曲线法。

习题

3-1 玻璃液位计是根据（　　）原理工作的。
　　(A) 连通器　　　(B) 力平衡　　　(C) 压力平衡　　　(D) 位移平衡

3-2 磁翻板式液位计与玻璃液位计比较有什么优点？

3-3 用电容式液位计测量导电液体的液位时，液位变化，相当于（　　）在变化。
　　(A) 两电极间的距离　　　　　　(B) 两电极间的介电常数
　　(C) 电极面积　　　　　　　　　(D) 导电性能

3-4 被测介质为导电液体时，电容式液位计的电极要用＿＿＿＿物覆盖。

3-5 用静压式液位计测量液位时，介质密度变化对测量（　　）。
　　(A) 无影响　　　　　　　　　　(B) 影响很小可忽略
　　(C) 有影响　　　　　　　　　　(D) 是否有影响与静压式液位计的类型有关

3-6 为什么测量密闭容器液位不能使用压力式液位计而必须使用差压式液位计？

3-7 阀门定位器有什么作用？

3-8 数字显示器由哪几部分组成？各部分的作用是什么？

3-9 数字显示仪表的性能指标有哪些？

3-10 什么是生产过程的静态？什么是生产过程的动态？

3-11 什么是过渡过程？自动控制系统过渡过程有哪些基本形式？

3-12 当系统的输入是阶跃扰动时，系统的过渡过程形式有＿＿＿＿、＿＿＿＿、＿＿＿＿、＿＿＿＿和＿＿＿＿五种。

3-13 一个自动控制系统的好坏由哪几个方面来评价？

3-14 已知过渡过程曲线如下图，试标明并写出其全部质量指标的名称。

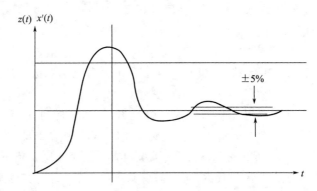

3-15 某过渡过程曲线如下图，试求该系统的最大偏差、超调量、衰减比、余差、过渡时间和振荡频率。

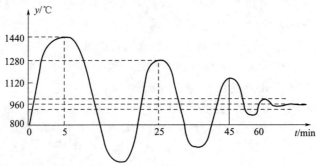

3-16 什么是对象的特性？

3-17 被控对象特性由什么参数来描述？

3-18 试说明被控对象的放大倍数、时间常数和纯滞后时间对系统的影响。

3-19 试分析放大倍数 K_c 对控制系统的影响。

3-20 试分析积分时间 T_i 对控制系统的影响。

3-21 试分析微分时间 T_d 对控制系统的影响。

3-22 如果甲乙两个广义控制对象的动态特性完全相同,甲采用 PI 作用调节器,乙采用 P 作用调节器,当放大倍数的数值完全相同时,甲乙两系统的振荡程度相比,(　　)。

(A) 甲系统的振荡程度比乙系统的振荡程度剧烈

(B) 乙系统的振荡程度比甲系统的振荡程度剧烈

(C) 甲乙两系统的振荡程度相同

(D) 无法比较

3-23 控制器为什么要进行参数整定?

3-24 自动控制系统常用的控制器参数整定方法有_____、_____、_____和_____四种。

3-25 经验法控制器参数整定有何优点和缺点?

3-26 某自动控制系统采用比例积分作用控制器,某人用先比例后加积分的凑试法来整定控制器的参数。若在纯比例作用下,放大倍数的数值已基本合适,在加入积分作用的过程中,则(　　)。

(A) 应大大减小比例度 　　　　　(B) 应适当减小比例度

(C) 应适当增加比例度 　　　　　(D) 无需改变比例度

3-27 列出经验法 PID 控制器参数整定的大致范围。

3-28 经验法控制器参数整定分哪几步?每一步都是如何进行的?

3-29 在引入积分作用时,为什么要适当减小放大倍数 K_c?

项目 4

操作列管式换热器的温度控制系统

【项目描述】 你将进入某化工厂,作为换热器岗位的工艺操作工,你将首先熟悉整个工艺过程,知道各种温度测量方法,学会常用温度测量仪表的使用;了解自动平衡式记录仪并能熟练读数和操作,能根据记录仪的记录曲线判断温度检测元件的故障;学会识别分程、前馈控制系统,并了解其投运方法。

【项目学习目标】

① 学会玻璃管温度计、双金属温度计的读数、安装和简单维修处理;能识别热电偶、热电阻温度计,明确热电偶、热电阻的安装工艺要求,信号类型、故障现象及原因;

② 学会操作自动平衡式记录仪,能识别记录曲线;

③ 学会操作电动执行器;

④ 能识别分程控制系统,并能进行分程控制系统的投运。

图 4-1 为 DCS 显示的列管式换热器带控制点流程图。

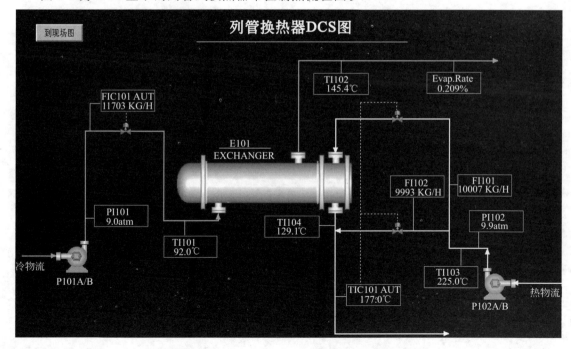

图 4-1 DCS 显示的列管式换热器带控制点流程图

项目4 操作列管式换热器的温度控制系统

来自上一工序的92℃冷物料1（沸点：198.25℃）由泵P101A/B送至换热器E101的壳程，与来自另一设备的225℃热物料2经泵P102A/B送至换热器E101的管程进行热交换，被加热至145℃，并有20%被汽化。冷物料流量由流量控制器FIC101控制，正常流量为12000kg/h。热物料2出口温度由TIC101控制（设定为177℃）。另外，在流程中对两个泵出口压力设置PI101和PI102两个压力指示系统，对物料1和物料2有FI101和FI102两个流量指示系统，对两个物料还有TI101～TI104四个温度指示系统。

任务 4.1　识读温度检测仪表

【任务描述】　以列管式换热器控制流程图为基础，了解常用的温度检测方法，会叙述各种温度检测方法的最基本的原理，能进行最基本的检测信号与温度转换的计算，能判断出温度检测装置的最常见故障。

根据项目要求，要想对换热器进行温度控制，必须首先完成温度检测，温度检测的方法很多，常用的温度检测方法见表4-1。

表4-1　常用温度检测仪表种类及特点

测温方式		温度计种类	常用测温范围/℃	优点	缺点
接触式测温仪表	膨胀式	玻璃液体	-50～600	结构简单,使用方便,测量准确,价格低廉	测量上限和精度受玻璃质量的限制,易碎,不能记录和远传
		双金属	-80～600	结构简单紧凑,牢固可靠	精度低,量程和使用范围有限
	压力式	液体 气体 蒸汽	-30～600 -20～350 0～250	耐震、坚固、防爆,价格低廉	精度低,测温距离短,滞后大
	热电偶	铂铑-铂 镍铬-镍铝 镍铬-考铜	0～1600 0～900 0～600	测温范围广,精度高,便于远距离、多点、集中测量和自动控制	需冷端温度补偿,在低温段测量精度较低
	热电阻	铂电阻 铜电阻 热敏电阻	-200～500 -50～150 -50～300	测量精度高,便于远距离、多点、集中测量和自动控制	不能测高温,须注意环境温度的影响
非接触式测温仪表	辐射式	辐射式 光学式 比色式	400～2000 700～3200 900～1700	测温时,不破坏被测温度场	低温段测量不准,环境条件会影响测量准确度
	红外线	热敏探测 光电探测 热电探测	-50～3200 0～3500 200～2000	测温时,不破坏被测温度场,响应快,测温范围大,适于测量温度分布	易受外界干扰,标定困难

温度指示系统根据指示显示的位置，有不同的选择。如果是现场指示，可以选用膨胀式、压力式的温度计，控制室指示一般采用热电偶、热电阻式温度计。红外线式是一种非接触式的温度检测仪表，可以有现场型的，也有远传型的。

任务4.1.1　操作玻璃管温度计

图4-2(a)为一种玻璃管温度计的外形图。玻璃管温度计是根据液体受热膨胀的原理制成的。温度计内液体常采用酒精、水银、煤油等。

(a) 玻璃温度计　　　(b) 双金属温度计　　　(c) 电接点压力式温度计　　　(d) 红外体温计

图 4-2　几种典型温度计外形图

操作训练

观察温度计的结构，将温度计放置在装有温水的烧杯中，读取测量的温度值，与教师读取数值进行比较，修正自己的读数方法。

思考与练习

① 液体温度计的工作原理_____。温度计构造：下有玻璃泡，里盛_____、_____、_____等液体；内有粗细均匀的细玻璃管，在外面的玻璃管上均匀地刻有刻度。

② 温度计的使用方法：使用前：观察它的_____，判断是否适合待测物体的温度；并认清温度计的_____，以便准确读数。使用时：温度计的_____被测液体中，不要碰到_____；温度计玻璃泡浸入被测液体中稍候一会儿，待_____再读数；读数时视线与_____相平。

③ 温度计的玻璃泡要做大，目的是：温度变化相同时，体积变化大，上面的玻璃管做细的目的是：液体体积变化相同时液柱变化大，两项措施的共同目的是：_____。

任务 4.1.2　操作双金属温度计

图 4-2(b) 为双金属温度计的外形图，指示部分与弹簧管压力表相似。双金属温度计是将温度膨胀系数不同的两种金属焊接在一起，如图 4-3 所示，当温度发生变化后由于膨胀系数不同而发生弯曲，通过机械机构将变形转换成仪表指针的变化。

为提高测温灵敏度，通常将金属片制成螺旋卷形状。当多层金属片的温度改变时，各层

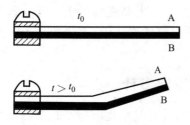 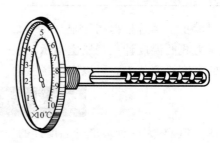

图 4-3　双金属温度计测温原理　　　　　　图 4-4　工业用就地指示式双金属片温度计

金属膨胀或收缩量不等,使得螺旋卷卷起或松开。由于螺旋卷的一端固定而另一端和一可以自由转动的指针相连,因此,当双金属片感受到温度变化时,指针即可在一圆形分度标尺上指示出温度来,如图4-4所示。这种仪表的测温范围是200~650℃,允许误差为标尺量程的1%左右。

操作训练

观察双金属温度计的外形,找出与弹簧管压力表的主要区别。将温度计安装在设备上,改变设备内的温度,读取温度计温度指示值。

思考与练习

① 双金属温度计的安装采用_____连接方式。
② 从外观上怎样才能判断出弹簧管压力表和双金属温度计?

知识拓展　带电接点的双金属温度计

双金属温度计可用来指示温度,也可被用作温度、极值温度信号器或某一仪表的温度补偿器。

电冰箱中的温度控制器可以采用的就是双金属温度继电控制器,也可以采用气体压力式(也叫温包式)温度继电器,双金属温度继电器控制系统原理图如图4-5所示。

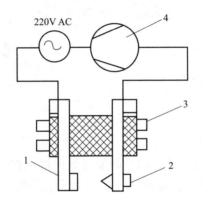

图4-5　双金属温度继电器控制系统原理图
1—双金属片(动触点);2—静触点;3—支撑;4—压缩机

任务4.1.3　操作热偶温度计

玻璃管温度计、温包式温度计和双金属温度计,一般都用作现场温度指示,当温度测量信号需要在控制室集中指示或控制时,要选用能够将温度测量值远传的仪表。热电阻和热电偶是工业中最常用的温度检测仪表。

(1) 认识热电偶

图4-6所示为工业热电偶外形图,图中所见到的是热电偶的保护套管和接线盒。图4-7为热电偶内部结构图,其中图4-7(b)为热电偶芯结构图,热电偶芯是热电偶的核心部分。

热电偶是将两种不同材料的导体或半导体的端点焊接起来,构成一个闭合回路,如图

4-8 所示。实际使用中,经常将热电偶的两个电极的一端焊接在一起,作为检测端(也叫工作端、热端);另一端开路,通过导线与仪表连接,这一端被称为自由端(也称为参考端、冷端),如图 4-9 所示。

图 4-6　部分工业热电偶外形图

图 4-7　普通热电偶芯结构图

(a) 普通热电偶结构图(螺纹连接)　　(b) 普通热电偶芯结构图

1—热电偶测量端；2—热电极；3—绝缘管；4—保护套管；5—接线盒(端)

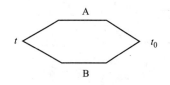

图 4-8　热电偶回路

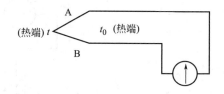

图 4-9　热电偶与显示仪表的连接

A、B 两种不同性质(自由电子不同)的金属导体焊接在一起,在接触处由于自由电子的移动,产生接触电势 $e_{AB}(t)$。当导体 A、B 两个接点温度 t 和 t_0 不同时,回路中便产生电动势,这种效应称为热电效应。

热电偶两端的热电势差可以用下式表示

$$E_t = e_{AB}(t) - e_{AB}(t_0) \tag{4-1}$$

式中　E_t——热电偶的热电势；

$e_{AB}(t)$——温度为 t 时工作端的热电势；

$e_{AB}(t_0)$——温度为 t_0 时自由端的热电势。

在测量温度时,要求自由端温度固定,这样热电势仅仅与检测端温度有关。实际使用时,以 0℃ 为冷端基准温度。如果冷端温度非 0℃ 时,就要采用冷端温度补偿方法。

 操作训练

观察热电偶的外形和标牌,指明你见到的热电偶的安装方式(螺纹安装还是法兰安装?)以及该热电偶的分度号。打开热电偶的保护套管,指出热电偶的冷端和热端。

参照图 4-9 和显示仪表接线图,观察温度变化下热电偶的热电势的变化情况。

思考与练习

① 热电偶放置在实验室内,为什么没有热电势输出?为什么当室温是 25℃ 时,热电偶仍无电势输出?

② 热电偶两个接点分别为_____端和_____端,用_____端测温,_____端连接导线。

知识拓展　热电偶的种类

常用热电偶可分为标准热电偶和非标准热电偶两大类。标准热电偶是指国家标准规定了其热电势与温度的关系及允许误差值,并有统一的标准分度表的热电偶,它有与其配套的显示仪表可供选用。非标准化热电偶在使用范围或数量上均不及标准化热电偶,一般也没有统一的分度表,主要用于特殊场合的温度检测。

我国指定七种统一设计型热电偶为标准化热电偶,这七种标准化热电偶的分度号和对应的名称见表 4-2。

表 4-2　标准化热电偶分度号及名称

分度号	名称	分度号	名称
S	铂铑$_{10}$-铂	R	铂铑$_{13}$-铂
B	铂铑$_{90}$-铂铑$_{6}$	E	镍铬-康铜
K	镍铬-镍硅	T	铜-康铜
J	铁-康铜		

按照热电偶的结构外形不同,热电偶又分为普通型、铠装型、表面型和薄膜型热电偶。

(2) 热电偶的温度补偿

热电偶测量的实际是冷端和热端温度差,但当冷端温度一定时,测量的就是热端的温度。因此,要求冷端温度稳定最好是 0℃。

① 补偿导线　为了保证热电偶自由端温度稳定,一般要求把热电偶的自由端远离被测热源,而热电偶热电极的材质一般都比较贵重,远距离延长既增加了成本又降低了机械强度,增加热电偶的故障,所以常常利用补偿导线将冷端延伸到温度恒定的地方,补偿导线如图 4-10 所示。补偿导线在选材上,一方面要考虑廉价,同时还要保证热电特性在 0~100℃ 范围内与所连接的热电偶近似相同。在使用补偿导线时,要注意与热电偶的匹配,不同热电偶必须采用不同的补偿导线,同时不能把补偿导线正负极接反。

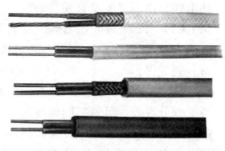

图 4-10　热电偶的补偿导线

② 热电偶冷端温度补偿　通过补偿导线的热电偶冷端温度相对稳定,但不是 0℃,需要采取措施补偿,常用方法如下。

• 冰浴法　即把热电偶的冷端温度保持为恒定的 0℃,一般在科研和实验室中采用。在实验室的条件下先把冷端放在盛有绝缘油的试管中,再把试管放入冰水混合物的容器中,使冷端 C 保持为 0℃。

• 冷端温度校正法　如果热电偶的冷端温度为 t_0 ($t_0 > 0℃$),此时测得热电偶产生电动

势值为 $E(t, t_0)$，必须根据下式进行修正。

$$E(t,0) = E(t,t_0) + E(t_0,0) \tag{4-2}$$

式中　$E(t, t_0)$——实际热电势值；
　　　$E(t, 0)$——工作端温度对应 0℃ 的热电势值；
　　　$E(t_0, 0)$——冷端温度对应 0℃ 的热电势值。

由公式得到的 $E(t, 0)$ 值可以去查分度表得到 t。

• 仪表机械零位调整法　对于具有零位调整的显示仪表而言，如果热电偶的冷端温度 t_0 较为恒定时，可在测温系统未工作前，预先将显示仪表的机械零点调整到 t_0 值上，这相当于把热电势修正值 $E(t_0, 0)$ 预先加到了显示仪表上，当系统投入工作后，显示仪表的显示值就是实际的被测温度值。

• 补偿电桥法　当热电偶冷端温度波动较大时，可以采用补偿电桥法。是利用不平衡电桥（又称冷端补偿器）产生的不平衡电压来自动补偿热电偶因冷端温度变化而引起的热电势变化。使用补偿电桥法需要把显示仪表的零点调整到电桥平衡时的温度值上，一般为 20℃。

操作训练

比较热电偶直接和显示仪表连接与热电偶通过补偿导线与显示仪表连接两种情况下，当热端温度相同时，指示值随自由端温度改变的变化情况。

思考与练习

① 不用补偿导线，当自由端温度升高时，指示值将如何变化？
② 如果将热电偶的补偿导线极性接反，会出现什么结果？

知识拓展　热电偶补偿温度的计算

热电偶自由端温度没有补偿到 0℃ 时，可以按照式(4-2)计算修正。

【例 4-1】　镍铬-镍硅热电偶的检测系统处于运行状态时，其冷端温度 $t_0 = 30℃$，测得仪表热电势 $E(t, t_0) = 39.17\text{mV}$，确定被测介质的实际温度。

解：查表得：　　　　　$E(30, 0) = 1.20\text{mV}$

所以　　$E(t, 0) = E(t, 30) + E(30, 0) = 39.17 + 1.20 = 40.37\text{mV}$

再反查分度表，可得实际温度为 977℃。

【例 4-2】　某 E 分度的热电偶测温系统，动圈仪表指示 504℃，后发现补偿导线接反，且冷端温度补偿器误用 K 分度的补偿器，若接线盒处温度为 50℃，冷端温度补偿器处 30℃，则对象的实际温度值是多少？

解：由于未特殊指明，则冷端温度补偿器的平衡点温度视为 20℃，动圈仪表机械零位已调至 20℃，表内预置电势为 $E_E(20, 0)$。仪表指示为 504℃，说明此时热电偶测温系统的实际总电势为 $E_E(504, 0)$，根据总热电势的组成，可列出实际热电偶测温系统的总热电势的等式为

$$E_E(504, 0) = E_E(t, 50) - E_E(50, 30) + E_K(30, 20) + E_E(20, 0)$$

查 E、K 分度表可知：　　$E_E(504, 0) = 37.329\text{mV}$；

$$E_E(50, 0) = 3.048\text{mV}；$$

$$E_E(30,0)=1.801\text{mV};$$
$$E_E(20,0)=1.192\text{mV};$$
$$E_K(30,0)=0.793\text{mV};$$
$$E_K(20,0)=0.525\text{mV}.$$

可以推导得出：
$$E_E(t,50)=E_E(504,0)+E_E(50,30)-E_K(30,20)-E_E(20,0)$$
$$\begin{aligned}E_E(t,0)&=E_E(504,0)+E_E(50,0)+E_E(50,0)-E_E(30,0)-E_K(30,0)+E_K(20,0)-E_E(20,0)\\&=37.329+3.048+3.048-1.801-0.793+0.525-1.192\\&=40.164\text{mV}\end{aligned}$$

通过反查 E 的分度表可知对象的实际温度为 539.01℃。

(3) 热电偶的故障分析

热电偶常见故障及可能原因见表 4-3。

表 4-3　热电偶的常见故障及可能原因

故障现象	可能原因
热电势比实际值小（显示仪表指示值偏低）	热电极短路
	热电偶的接线处积灰，造成短路
	补偿导线线间短路
	热电偶热电极变质
	补偿导线与热电偶极性接反
	补偿导线与热电偶不配套
	热电偶安装位置不当或插入深度不符合要求
	热电偶冷端温度补偿不符合要求
	热电偶与显示仪表不配套
热电势比实际值大（显示仪表指示值偏高）	热电偶与显示仪表不配套
	补偿导线与热电偶不配套
	有直流干扰信号进入
热电势输出不稳定	热电偶接线柱与热电极接触不良
	热电偶检测线路绝缘破损，引起断续短路或接地
	热电偶安装不牢或外部震动
	热电极将断未断
	外界干扰（交流漏电、电磁场感应等）
热电偶的热电势误差大	热电极变质
	热电偶安装位置不当
	保护管表面积灰

任务 4.1.4　操作热电阻温度计

(1) 认识热电阻

图 4-11 为热电阻的外形图，同热电偶外形一致，看到的只是保护套管和接线盒。图 4-12 为普通型热电阻电阻体的结构图。

图 4-11 热电阻外形图（法兰连接）

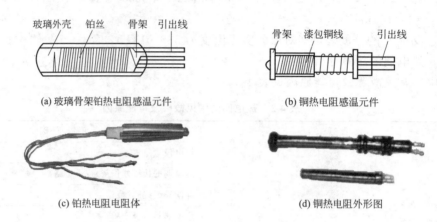

图 4-12 普通型热电阻电阻体的结构图

金属导体的阻值随着温度的变化而变化，当导体温度上升时，内部电子热运动加剧，其外在表现是导体的电阻值增加；反之，则电阻值减小，所以金属导体具有正的温度系数。热电阻测温就是基于金属导体的电阻值随温度的增加而增加这一特性来进行检测的。

 操作训练

观察热电阻的外形，根据铭牌判别热电阻的分度号，观察废旧热电阻体的绕线。改变热电阻测量端的温度，用万用表测量热电阻的阻值变化情况。

 思考与练习

① 温度升高，热电阻阻值如何变化？
② 为什么热电阻电阻丝做成细长？铂热电阻丝比铜电阻更细？
③ 当电阻丝短路时，电阻阻值会_____？电阻体开路，电阻值_____？

知识拓展　热电阻种类

虽然大多数金属导体的电阻值会随温度的变化而变化，但是它们并不都能作为测温用的热电阻。一般要求制作热电阻的材料具有较大的温度系数，稳定的物理、化学性质，较大的电阻率，复现性好等特性。目前应用最多的热电阻金属材料是铂和铜。此外，现在已开始采用铟、镍、锰和铑等材料制造热电阻。

铂热电阻的性能好，使用温度范围$-200\sim+960℃$；铜电阻廉价且线性较好，但温度高了易氧化，只适于低温测量，范围在$-50\sim150℃$内。

常用热电阻的分度号有 Cu50、Cu100、Pt10、、Pt50、、Pt100、Pt500、Pt1000 等。Cu50 表示铜电阻在 0℃时所对应的阻值 R_0 为 50Ω；Pt100 表示铂热电阻在 0℃时所对应的阻值 R_0 为 100Ω。其他分度号意义相同。

另外，随着半导体技术的发展，出现了新型的测温元件——半导体热敏电阻。半导体热敏电阻的电阻值也会随着温度的变化而变化，且其变化程度比金属电阻大，反应灵敏，同时还具有电阻率大、体积小、热惯性小、耐腐蚀、结构简单、寿命长等优点。其缺点是线性差、互换性差、测量范围小（一般为 −50～300℃）等。热敏电阻的材料大多数是各种金属的氧化物按一定的比例混合起来进行研磨成型，煅烧成坚固致密的整块，再烧上金属粉末作为接触点，并焊上引线就成了热敏电阻。如果改变混合物的成分和配比，就可改变热敏电阻的测温范围、阻值及温度系数。

热电阻按照结构形式也分成普通型、铠装型、端面型和隔爆型。

（2）热电阻的接线

热电阻测温系统一般由热电阻、连接导线和显示仪表等组成。必须注意以下两点：①热电阻和显示仪表的分度号必须一致；②为了消除连接导线电阻随环境温度变化而变化带来的影响，必须采用三线制接法。

所谓的三线制接法是将热电阻其中一端接出两根线（B，B）分别与显示仪表或变送器的B、B端连接。实质上是将导线分别接到测量桥路相邻的两个

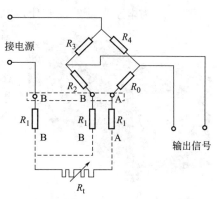

图 4-13　热电阻三线制接线示意图

桥臂上。如图 4-13 所示。图中 R_1 为导线电阻，由于是三线制，两根导线电阻分别在两个相邻桥臂上，这样虽然用户的连接距离不同，但对输出的影响可以抵消。

 操作训练

将热电阻和显示仪表按三线制接线与显示仪表连接。观察只接其中两根或 A、B 混淆时，显示仪表的指示值。

（3）热电阻的故障

热电阻的常见故障是热电阻的短路和断路，一般断路更常见，这是因为热电阻丝较细所致。在投入使用之前，短路和断路都可以通过万用表进行判断。投入使用后，可以通过显示仪表的指示温度是否突变来判断热电阻的故障。表 4-4 列出了热电阻在运行过程中的几种常见故障及可能原因。

表 4-4　热电阻元件的常见故障及可能原因

故障现象	可能原因
显示仪表指示值比实际值低或示值不稳	保护管内有金属屑、灰尘，导致接线柱或热电阻短路
显示仪表指示无穷大	热电阻或引出线短路
显示仪表指示负值	显示仪表与热电阻接线错误或热电阻短路
阻值与温度对应关系发生变化	热电阻材料受蚀变质

任务 4.2　使用温度记录仪

【任务描述】　认识自动平衡式记录仪，会将温度元件与记录仪进行连接，能熟练读懂记录仪的记录数据，能分辨自动平衡式记录仪的常见故障。

自动平衡式显示仪表是一种具有较高精度和灵敏度的一种模拟式显示仪表。它与不同的传感器（或变送器）配套后，可用于显示、记录各种不同的过程变量。自动平衡式显示仪表常用的有电子电位差计和电子平衡电桥。

任务 4.2.1　使用电子自动电位差计

图 4-14 为电子自动电位差计，电子电位差计主要是指示和记录电压输入信号，在温度指示、记录中与热电偶配套。传感器或变送器产生的电信号（电压、电流）形成外部输入电压，与桥路电压相比较，电压差值经放大器放大，输出驱动可逆电机带动指针和记录笔沿刻度标尺滑行，指示和记录机构指示记录出被测变量的值，同时带动滑线电阻滑动触点移动，调整内部电压，使整机电压达到平衡。

注意电子电位差计使用中，一定要区别电位差计与不同分度号的热电偶配套，当改变分度号的时候，一定要进行量程的调整。

图 4-14　电子自动电位差计

操作训练

根据电子电位差计的分度号，选择热电偶或者用信号发生器输入该热电偶的对应的热电势值，改变热电偶被测温度或者改变信号发生器输出，观察电子电位差计的指示。

思考与练习

① 电子电位差计指示或记录＿＿＿＿＿＿＿信号，当作为温度指示、记录时，与＿＿＿＿＿＿＿温度检测元件配套。

② 当改变输入热电偶分度号时，电子电位差计必须改＿＿＿＿＿＿＿才能准确指示。

任务 4.2.2　使用电子自动平衡电桥

电子自动平衡电桥的外形与电子电位差计相似，主要用于指示和记录电阻输入信号，在温度指示、记录中与热电阻配套。当输入电阻发生变化时，平衡电桥产生不平衡电势，该电势经放大器放大，输出驱动可逆电机带动指针和记录笔沿刻度标尺滑行，指示和记录机构指示记录出被测变量的值，同时带动滑线电阻滑动触点移动，使电桥达到新的平衡。

注意电子自动平衡电桥使用中，也一定要区别分度号，当改变分度号的时候，一定要进行量程的调整。为了消除连接导线电阻随环境温度变化对测量的影响，采用了三线制接法。

操作训练

根据电子自动平衡电桥的分度号，选择热电阻或者用电阻箱输入该分度号对应电阻值，改变热电阻被测温度或者改变电阻箱输出电阻，观察电子自动平衡电桥的指示。

思考与练习

① 电子自动平衡电桥指示或记录_____信号，当作为温度指示、记录时，与_____温度检测元件配套。

② 当改变输入热电阻分度号时，电子自动平衡电桥必须改_____才能准确指示。

知识拓展　电子电位差计与电子自动平衡电桥的区别

电子平衡电桥与电子电位差计都属于自动平衡式模拟显示仪表，主要不同表现在以下几点。

① 两种仪表所依据的原理不同，电子平衡电桥依据电桥平衡原理工作，电子电位差计依据电压平衡原理工作。在分析测量桥路时，要依据相应的原理进行。

② 当仪表平衡时，电子平衡电桥测量桥路本身处于平衡状态，即它无不平衡电压输出；而电子电位差计的测量桥路往往处于不平衡状态，其不平衡电压输出与被测电势输入相补偿，使仪表达到平衡。

③ 所配接的测量元件不同。电子平衡电桥测量电阻信号，在测量温度时可以配接热电阻，采用三线制接法；电子电位差计测量毫伏级电压信号，可以配接热电偶实现温度测量。

④ 对外线路电阻要求不同。电子电位差计当仪表平衡时，外线路无电流，对外线路电阻无特殊要求；电子平衡电桥当仪表平衡时，电流流过热电阻和连接导线，影响测量，要求连接导线电阻 $R_1 = 2.5\Omega$。

⑤ 输入信号引入桥路的位置和在桥路所起的作用不同。电子平衡电桥的电阻输入作为测量桥路的一部分，直接影响桥路的平衡状态；电子电位差计的电压输入不影响桥路本身，与内部电压（电桥不平衡电压）相比较，经可逆电机驱动，调整电桥的不平衡程度使内部电压与输入电压相补偿，使仪表达到平衡。

⑥ 电子电位差计要考虑到热电偶的冷端温度补偿问题，而平衡电桥不用考虑。

⑦ 电子电位差计对桥路供电电压要求严格，采用直流稳压供电；电子平衡电桥均对桥路供电电压要求不严格，可以使用直流供电，也可以交流供电。

任务 4.3　操作电动执行器

【任务描述】　认识电动执行器，会操作电动执行器。

随着电动执行器的安全性能的提高，在化工生产中也被越来越多的采用。

电动执行器（如图 4-15 所示）采用电动执行机构。电动执行器具有动作较快、适于远距离的信号传送、能源获取方便，不需要电气转换器和阀门定位器等优点；其缺点是价格较贵，一般只适用于防爆要求不高的场合。但由于其使用方便，特别是智能式电动执行机构的面世，使得电动执行器在工业生产中得到越来越广泛的应用。

电动执行器也是由执行机构和调节机构两部分组成。电动执行器与气动执行器的区别主要在执行机构。

图 4-15　电动执行器

电动执行机构主要分为两大类：直行程和角行程。角行程式执行机构又可分为单转式和多转式，单转式输出的角位移一般小于360°，通常简称角行程式执行机构；多转式的角位移超过360°，可达数圈，所以称为多转式电动执行机构，它和闸阀等多转式调节机构配套使用。

电动执行机构接受4~20mA DC的输入信号，并将其转换成相应的输出力或力矩，转换成直线位移或角位移，以推动调节机构动作。

操作训练

观察电动执行器的外形，找出气动执行器的外形区别。通过信号发生器向电动执行器输入4~20mA DC的信号，观察调节机构的阀位指示变化。

思考与练习

如何判断电动执行器是电开式还是电关式？

知识拓展　电磁阀

电磁阀是常用的结构简单的二位式电动执行机器，它是依靠电磁力工作的。图4-16所示为两位两通电磁阀原理图。当卷绕在铁芯上的线圈中流过电流时，电磁铁有磁性，吸引阀芯向左移动，流体的通路被接通。当切断线圈中电流，电磁铁失去磁性，在弹簧的作用下，阀芯向右移动，流体的通路被切断。在化工生产中，电磁阀常用在联锁控制系统中切断气动执行器的气源，图4-17为带电磁阀的气动执行器。

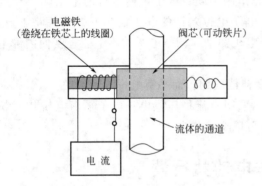
图4-16　两位两通电磁阀原理图

图4-17　带电磁阀的气动执行器

任务4.4　操作管式换热器单元

【任务描述】　认识分程控制系统，会操作管式换热器单元的仿真操作。

任务4.4.1　认识列管式换热器控制中的分程控制系统

图4-1所示列管式换热器带控制点的工艺流程图中，TIC101系统如图4-18所示，该系统由一个控制器控制两个控制阀（FC、FO）。该控制系统为分程控制系统。一般情况下，一个控制器仅控制一个调节阀。在某些场合，需要将一个控制器的输出分成两段或以上，分别控制两个或两个以上的控制阀，这种类型控制系统称为分程控制系统。本例中热物料2分

两路：一路经过 FC 阀进入换热器中的管程与走壳程的物料换热；另一路经过 FO 阀与换热器管程中排除的物料混合。当温度高时，FC 阀关小，FO 阀开大，相反，当温度低时，FC 阀开大，FO 阀关小。分程控制系统是通过阀门定位器或电-气阀门定位器来实现的，即将控制器的分段信号分别转换成 20～100kPa。

图 4-18 所示的列管式换热器出口温度分程控制系统中，热物料 2 用来与冷物料 1 进行热量交换，除了保证冷却后的物料 2 的出口温度符合要求，而且要保证物料流量稳定。因此，采用物料分流方法，使 TIC101 输出 0～100%分别对应 FO 阀开度 0～100%，FC 阀开度 100%～0。该控制系统实施原理图如图 4-19 所示。

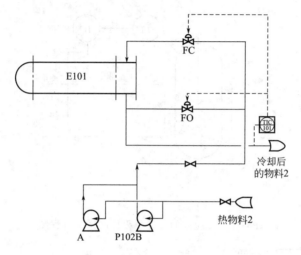

图 4-18　列管式换热器出口温度分程控制系统

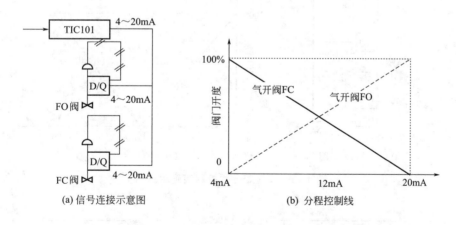

图 4-19　换热器分程控制实施示意图

知识拓展　分程控制系统的实施

分程控制系统是利用阀门定位器对控制信号进行分段控制对应调节阀，确定调节阀的气开、气关形式和分程信号是分程控制信号的关键。

① 调节阀的气开、气关形式的选择

调节阀的气开、气关形式的选择仍然依据简单控制系统中讨论的要求。由于分程控制系统是两个或两个以上的操纵变量，如果两个调节通道的正反特性相反时，两个阀门的开关形式选择相反。图 4-20 为反应釜的温度控制系统，由于反应的初始阶段要求加热，而随着反应的进行，要求进行冷却，因此，设计了温度的分程控制系统。该系统中，冷剂和热剂流量对反应器温度影响相反，因此，选择阀门的开关形式相反。为了保证在故障状态，反应器不会因温度过高而出现危险，冷水阀门打开（气关阀），热剂阀门关闭（气开阀）。反应釜温度分程控制实施图见图 4-21 所示。

如果两个操纵变量对应的控制通道正反特性相同时，两个阀门的开关形式可以是相同的。图 4-22 所示为某燃气锅炉蒸汽压力的分程控制系统。废气和燃气流量增加都能使蒸汽压力增加，即控制对象作用方向相同，阀门开关形式一致，均选择气开阀。

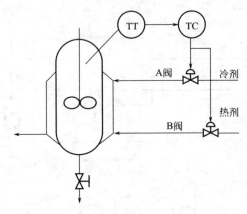

图 4-20　反应釜的温度分程控制系统流程图

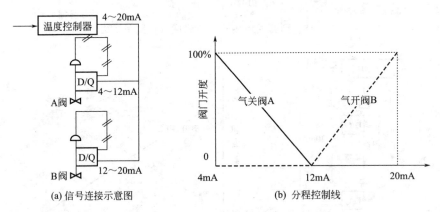

图 4-21　反应釜分程控制实施示意图

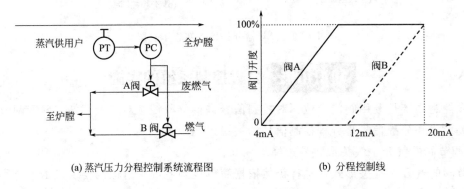

图 4-22　蒸汽压力分程控制系统

根据工艺要求,分程控制系统的分程控制线还有其他几种形式,如图4-23所示。

为了防止控制阀的频繁动作,可在分程点其上下设置一个不灵敏区(根据工艺设置,一般不能太大),在该范围内,控制阀不发生切换或动作。图4-24为其中一种情况示意图。

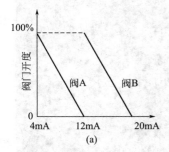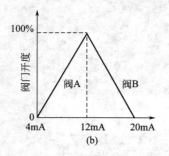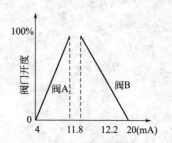

图4-23 分程控制系统阀门动作其他形式示意图　　图4-24 带不灵敏区的分程控制系统阀门动作示意图

在工艺上不允许按照以上两种情况选择的时候,也可通过调整阀门定位器的作用形式,使输入信号与输出信号方向相反。另外,在控制信号的分配上,也不必平均分配。

② 控制器作用方向判断　正确选择控制器的作用方向,保证控制系统的控制质量,同时也是控制信号分区的依据。用其中的一个调节阀及其对应的控制对象与测量变送器、控制器组成的单回路系统,按照负反馈的原则进行判断。

图4-20所示的反应釜的温度分程控制系统中,冷剂阀采用气关阀,为反作用;冷剂量增加,反应器温度下降,该对象为反作用;测量变送器为正作用,控制器选择反作用。

控制器为反作用,则温度增加时,控制器输出信号减小。也就是说温度高时,输出信号小,此时冷剂阀应动作,所以,分程线如图4-21(b)所示。同样,如果一个控制器控制一个气开阀、一个气关阀,控制器选择正作用时,控制信号分程线如图4-23(b)所示。

思考与练习

① 列管式换热器的温度分程控制系统的两个调节阀开关形式是如何选择的?
② 列管式换热器的温度分程控制系统中的控制器_____作用。

任务4.4.2　列管式换热器单元操作

操作训练

(1) 冷开车仿真操作练习

在图4-1的显示画面中,点击到现场图按钮,进入现场显示画面,如图4-25。先手动操作,使各变量达到控制要求后,再将FIC101和TIC101两个自动控制系统投入自动运行。分程控制系统投运与单回路控制系统投运步骤一样,具体操作按以下步骤进行。

装置的开工状态为换热器处于常温常压下,各调节阀处于手动关闭状态,各手操阀处于关闭状态,可以直接进冷物流。

① 启动冷物流进料泵P101A
◆ 开换热器壳程排气阀VD03;
◆ 开P101A泵的前阀VB01;

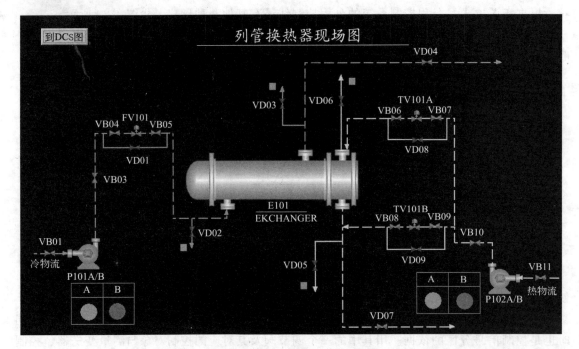

图 4-25　列管式换热器现场画面

◆启动泵 P101A；

◆当进料压力指示表 PI101 指示达 9.0atm（大气压）以上，打开 P101A 泵的出口阀 VB03。

② 冷物流 E101 进料

◆打开 FIC101 的前后阀 VB04、VB05，手动逐渐开大调节阀 FV101（FIC101）；

◆观察壳程排气阀 VD03 的出口，当有液体溢出时（VD03 旁边标志变绿），标志着壳程已无不凝性气体，关闭壳程排气阀 VD03，壳程排气完毕；

◆打开冷物流出口阀（VD04），将其开度置为 50%，手动调节 FV101，或者使 FIC101 处于手动模式，改变 FIC101 的输出值，使 FIC101 达到 12000kg/h。当流量较稳定时，FIC101 设定为 12000kg/h，投自动运行。

③ 启动热物流入口泵 P102A

◆开管程放空阀 VD06；

◆开 P102A 泵的前阀 VB11；

◆启动 P102A 泵；

◆当热物流进料压力表 PI102 指示大于 10atm 时，全开 P102 泵的出口阀 VB10。

④ 热物流进料

◆全开 TV101A 的前后阀 VB06、VB07，TV101B 的前后阀 VB08、VB09；

◆打开调节阀 TV101A（默认即开）给 E101 管程注液，观察 E101 管程排汽阀 VD06 的出口，当有液体溢出时（VD06 旁边标志变绿），标志着管程已无不凝性气体，此时关管程排气阀 VD06，E101 管程排气完毕；

◆打开 E101 热物流出口阀（VD07），将其开度置为 50%，将温度控制器 TIC101 置于手动状态，手动调节 TIC101 的输出，使其出口温度在 177℃±2℃，且较稳定。将 TIC101

设定在 177℃，切换至自动状态。

（2）正常运行操作

① 控制过程　培训项目选择列管换热器正常运行、采用通用 DCS 系统。FIC101 的 SP（设定）值由 12000 改为 10000，调整趋势画面中的 $X_{min}-X_{max}$ 为 5，Y_{min} 为 30%，Y_{max} 为 70%，观察曲线的形状。然后依次将 SP 值由 12000 改为 8000、1000，观察曲线形状。

思考与练习

当 SP 值改为 1000 时，过渡过程为_____。因此，在实际生产中设定值要缓慢变化。

② 调整比例放大倍数　培训项目同①，点 FIC101 的设置，K 值分别设置为 2、1、0.5，设定值都由 12000 变化到 10000，观察过渡过程曲线的变化。如果将 K 值变成 4，观察曲线。注意：生产过程中不能随意更改控制参数。

图 4-26 为改变放大倍数下的过渡曲线。

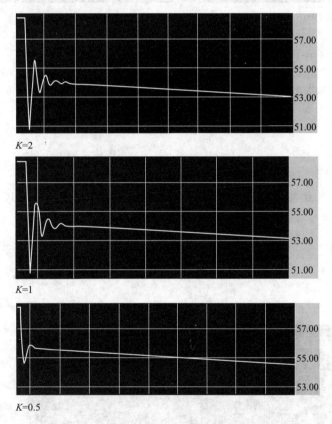

图 4-26　不同比例放大倍数下的过渡过程曲线

思考与练习

① $K=0.5$ 时的过渡过程为_____，根据曲线可以看出，随着比例放大倍数的增加，衰减比_____，最大偏差_____，过渡时间_____。

② 当比例放大倍数为 4 时，过渡过程为_____。

③ 调整积分时间　培训项目选择同①，改变 FIC101 的设定值为 8000，查看趋势曲线，

调整 $X_{min}-X_{max}$ 为 5，Y_{min} 为 30%，Y_{max} 为 70%，观察曲线的形状。重复当前任务，将积分时间由 100min 变成 3min，再看曲线的变化。

 思考与练习

改变 FIC101 的设定值后，曲线如图 4-27 所示，说明两条曲线的区别，产生的原因和改变积分时间有关系吗？若将积分时间进一步减小会怎样？

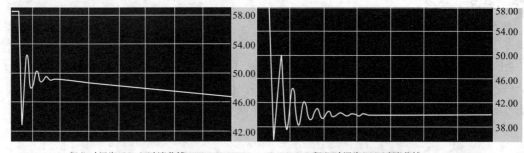

积分时间为100min过渡曲线　　　　　积分时间为3min过渡曲线

图 4-27　不同积分时间下的流量变化过渡曲线

④ 分程控制分析　培训项目选择同①，在 DCS 画面中分别改变 TIC101 的 SP 值为 50℃和 300℃，观察 TV101A 和 TV101B 两个阀的状态，分析分程控制的特点。

 思考与练习

当 TIC 的 SP 值是 50℃时，_____阀关闭；SP 值是 300℃时，_____阀关闭，结合分程控制系统的特点说明为什么？

⑤ 温度对象和流量对象过渡过程的比较　培训项目选择同①，TIC101 的设定值减小 10%，即减小 30℃。查看趋势画面。

 思考与练习

是否也需要 $X_{min}-X_{max}$ 为 5？为什么？从温度对象时间常数考虑。图 4-28 为更改 $X_{min}-X_{max}$ 为 50 后的设定值改变的过渡过程的曲线。

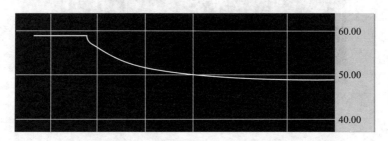

图 4-28　温度设定值变化的过渡过程曲线

知识拓展　换热器的前馈控制系统

换热器的物料温度控制根据工艺设备和控制要求，有很多种控制方案，如温度单回路控制、温度与载热体流量串级控制等。图 4-29 为物料流量前馈控制系统。

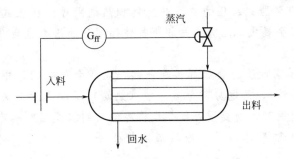

图 4-29 换热器的物料流量前馈控制方案

反馈控制系统是按照被控变量的检测值与设定值的偏差大小来工作的。反馈控制系统的优点是有校正作用，控制精度较高，而且可以克服闭合回路中的所有扰动，因此，闭环反馈控制系统是工程中最主要的控制形式。但反馈控制系统的最大缺点是它的滞后性，只有当扰动影响到被控变量以后才能起作用。前馈控制系统就是按照扰动量的变化来补偿其对被控变量的影响，从而达到被控变量不受扰动量影响的控制方式，这是一种按照扰动进行控制的开环控制方式。

图 4-29 所示的控制方案中，换热器的物料是影响被控变量——换热器出口温度的主要扰动。当采用前馈控制方案时，可以通过一个流量变送器测取扰动量——进料量，并将信号送到前馈控制装置 G_{ff} 上。前馈控制装置按照入口物料的流量变化运算去控制阀门，以改变蒸汽流量来补偿进料流量对被控变量的影响。如果蒸汽流量改变的幅值和动态过程适当，就可以显著减小或完全补偿入料流量变化这个扰动量引起的出口温度的波动。

单纯的前馈补偿控制只能克服一种扰动，实际常采用前馈-反馈控制系统，用前馈控制克服主要扰动，而反馈控制克服其他扰动，并保证控制精度。图 4-30 为换热器的前馈-反馈控制系统。

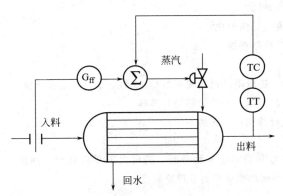

图 4-30 换热器的前馈-反馈控制系统

小结

1. 换热器是一种常用的换热设备，控制方案很多，一般都是以出口温度为被控变量，但采用不同的操纵变量，也就构成了不同的控制方案，如调载热体的单回路控制、进料量前馈和载热体做反馈的前馈-反馈控制、出口温度与载热体流量的串级控制等。本项目采用的是分程控制。

2. 温度检测方法有膨胀式、压力式、热电偶和热电阻等。膨胀式是根据物体热胀冷缩原理，有玻璃管式和双金属式；压力式是根据气体温度升高压力也会升高原理制作的，这两种多做成就地指示仪表。

3. 热电偶是两种不同性质的金属焊接在一起，温度变化在回路中有热电势产生。只要固定一端温度（称为冷端），热电势就与另一端（热端）温度成对应关系。热电偶有七种标准热电偶。热电偶在使用时，需要用补偿导线将冷端引到温度相对稳定的环境，对冷端必须补偿到零度，采用的方法有冰浴法、冷端温度校正法、仪表机械零位调整法和补偿电桥法等。

4. 热电阻是根据金属导体阻值随温度变化而升高的原理制作。常用的标准热电阻材料有铂和铜，用到最多的分度号有 Pt100 和 Cu50 等。热电阻与显示仪表等连接时，一般采用三线制连接。

5. 电子自动电位差计和电子自动平衡电桥是一种自动平衡式的指示、记录仪，电子电位差计主要与其分度号相同的热电偶配套、电子平衡电桥与其分度号相同的热电阻配套进行温度指示、记录。

6. 分程控制是一个控制器的信号分程几段，分别去控制两个或两个以上的控制阀，也就是说，分程控制有一个被控变量，但有两个或两个以上的操纵变量。

习题

4-1 说明玻璃管温度计如何读数？
4-2 简述双金属温度计的检测原理。
4-3 热电偶热端温度增加，热电势值将如何变化？若没有冷端补偿，冷端温度增加，热电势将如何变化？
4-4 常用的标准热电偶有哪些？
4-5 热电偶测温为什么要进行冷端温度补偿？
4-6 热电偶为什么要用补偿导线？
4-7 温度升高，热电阻阻值会如何变化？
4-8 热电阻为什么要采用三线制接线？
4-9 解释 Pt100 的意义。
4-10 如果将分度号是 Pt100 热电阻接到分度号是 Cu50 的电子自动平衡电桥上，会有什么后果？
4-11 电子平衡电桥和电子自动电位差计的功能有哪些？
4-12 电动执行器与气动执行器相比有哪些不同？
4-13 什么是分程控制系统？
4-14 分程控制系统中的信号是否一定平均分配？若可以不平均分配，画出 4~10mA 气开阀动作全程，11~20mA 另一个气关阀动作全程的分程控制线图。

项目5

操作流体混合单元的控制系统

【项目描述】 你将进入某化工厂,作为换热器岗位的工艺操作工,你将负责三个罐(槽)的操作,首先应熟悉整个工艺过程。在已知温度、压力、液位等检测基础上,学习常用的流量检测方法,能认识各种流量检测仪表,能根据各种测量原理判断仪表故障。认识无纸记录仪,能够读取相关数据,并会熟练操作。能在流程图中识别比值控制系统和串级控制系统,并能熟练操作。

【项目学习目标】

① 认识不同流量测量方法的特点,能操作常用流量检测仪表;
② 会操作无纸记录仪,能够读取相关数据;
③ 能识别串级控制系统,并能熟练操作;
④ 能识别比值控制系统,并能熟练操作。

图 5-1 为某厂一段流体混合单元带控制点的工艺流程图,在仿真系统中被称为液位控制系统。

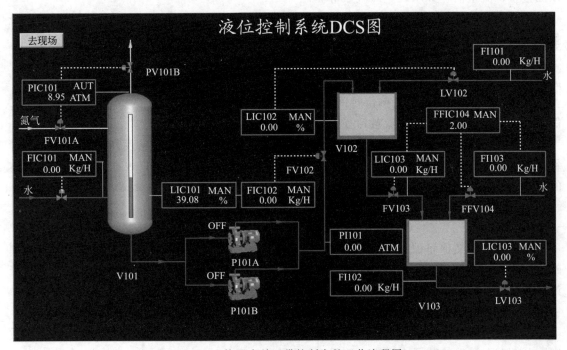

图 5-1 流体混合单元带控制点的工艺流程图

缓冲罐 V101 仅一股来料，8kgf/cm² 压力的液体通过调节阀 FIC101 向罐 V101 充液，此罐压力由调节阀 PIC101 分程控制，当缓冲罐压力高于分程点（5.0kgf/cm²）时，阀 PV101B 自动打开泄压；当压力低于分程点时，阀 PV101B 自动关闭，阀 PV101A 自动打开给罐充压，使 V101 压力控制在 5kgf/cm²。缓冲罐 V101 液位调节器 LIC101 和流量调节器 FIC102 组成串级调节，一般液位正常控制在 50% 左右。自 V101 底抽出液体通过泵 P101A 或 P101B（备用泵）打入罐 V102，该泵出口压力一般控制在 9kgf/cm²，FIC102 流量正常控制在 20000kg/h。

罐 V102 有两股来料：一股为 V101 通过 FIC102 与 LIC101 串级调节后来的流量；另一股为 8kgf/cm² 压力的液体通过调节阀 LIC102 进入罐 V102，一般 V102 液位控制在 50% 左右，V102 底部自流出液体通过 FIC103 调节后进入 V103，正常工况时，FIC103 的流量控制在 30000kg/h。

罐 V103 也有两股进料，一股来自于 V102 的自流出量，另一股为 8kgf/cm² 压力的液体通过 FIC103 与 FFIC104 比值调节进入 V103，比值系数为 2：1，V103 底部液体通过 LIC103 调节阀输出，罐 V103 液位正常时控制在 50% 左右。

任务 5.1　使用流量检测仪表

【任务描述】　认识常用的流量检测方法，知道各种流量检测方法的最基本的原理，能判断出流量检测装置的最常见故障。

流量的大小是指单位时间内流过管道断面的流体数量，可以用体积流量和质量流量来表示。常用单位为 t/h、m³/h、kg/h、L/h 等。

流量计是指测量流体流量的仪表，它能指示和记录某瞬时流量值；计量表（总量表）可以测量累积流量值，如水表、煤气表等。

工业上所用的流量仪表一般可分为三类：速度式流量仪表、容积式流量仪表、质量式流量仪表。

① 速度式流量仪表　是以测量流体的流速为测量依据，如叶轮式水表、差压式（孔板）流量计、靶式流量计、转子流量计、涡轮流量计、超声波流量计、电磁流量计等。

② 容积式流量仪表　以单位时间内所排除的流体的固定容积 V 的数目作为测量根据，例如盘式流量计、椭圆齿轮流量计等。

③ 质量式流量仪表　检测流体在管道中流过的质量。这类仪表精度高，目前常作为计量仪表。其传感器振动管的结构形式一般为 U 形、Ω 形两种。这类仪表被测流量不受流体的温度、压力、密度、黏度等变化的影响，是较为理想的厂际间的计量仪表。

任务 5.1.1　使用转子流量计

转子流量计又称面积式流量计或恒压降式流量计，它也是以流体流动时的节流原理为基础的一种流量测量仪表，将被测流量信号转换成转子的浮动的高度。图 5-2 为玻璃转子流量计，图 5-3 为金属转子流量计。

(1) 转子流量计的检测原理

转子流量计是由一段向上扩大的圆锥形管子 1 和密度大于测量介质密度且能随被测介质流量大小上下浮动的转子 2 组成，如图 5-4 所示。

图 5-2 玻璃转子流量计

图 5-3 金属转子流量计

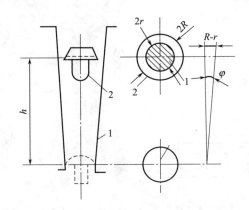
图 5-4 转子流量计原理图

从图 5-4 可知，当流体自下而上流过锥管时，转子因受到流体的冲击而向上运动。随着转子的上移，转子与锥形管之间的环形流通面积增大，流体流速减低，冲击作用减弱，直到流体作用在转子上向上的推力与转子在流体中的重力相平衡，此时，转子停留在锥形管中某一高度上。如果流体的流量再增大，则平衡时所处的位置更高；反之则相反。因此，由转子悬浮的高低就可测知流量的大小。

(2) 转子流量计的特点

转子流量计的特点是：可测多种介质流量，特别适用于测量中小管径雷诺数较低的中小流量，压力损失小且稳定；反应灵敏，量程较宽（约 10∶1），示值清晰，近似线性刻度；结构简单，价格便宜，使用维护方便；还可测腐蚀性的介质流量。但转子流量计的精度受测量介质的温度、密度和黏度的影响，而且仪表必须垂直安装等。注意：当被测介质、工作条件发生变化时，转子流量计必须重新标定。

 操作训练

安装玻璃转子流量计和转子流量变送器。观察玻璃转子流量计的结构和刻度；改变管道流量，读流量测量读数；观察金属转子流量计，看转子外形；当管道流量改变时，读转子流量变送器的信号变化。

思考与练习

① 为什么转子流量计要垂直安装？
② 玻璃转子流量计的刻度是均匀的吗？
③ 金属转子上连接的金属杆起什么作用？

任务 5.1.2 使用差压式流量计

差压流量计也是一种建立在节流原理基础上的一种流量测量仪表，差压式流量测量仪表构成如图 5-5 所示，差压式流量计由节流装置、导压管、差压计（差压变送器）、显示或控制仪表四部分组成。

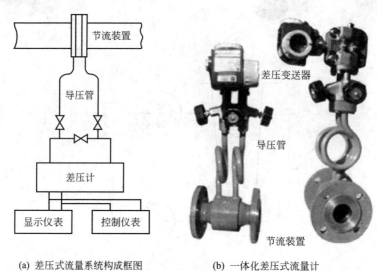

(a) 差压式流量系统构成框图　　(b) 一体化差压式流量计

图 5-5　差压式流量测量仪表构成

（1）差压式流量计的检测原理

流体经过节流装置时，在节流装置的前后形成一个压差，流量越大压差就越大。要注意的是，流量与节流装置形成的差压信号不是线性对应关系，流量与差压信号之间的关系：

$$Q = k\sqrt{\Delta P}$$

常用的标准节流装置有孔板、喷嘴、文丘里管，图 5-6 所示为三种标准节流装置的节流原理图。图 5-7 为带有取压装置的孔板。

用差压计将差压信号转换成标准的电流信号，以便进行指示或远传，一般采用差压变送器或流量变送器。这里的流量变送器和差压变送器的区别在于前者带有开方器，使变送器输出的电流信号与流量成正比。

（2）差压式流量计的特点

差压式流量计目前仍然是炼油、化工生产中使用最广的一种流量测量仪表。它的主要特点是：方法简单，无可动部件，工作可靠，寿命长，管道内径在 50～1200mm 范围内均能应用；不足之处是对小口径（小于 50mm）的流量测量有困难，压损较大，流量与差压信号成非线性，测量精度不高，不能用于含有固体颗粒的液体流量测量。

项目5 操作流体混合单元的控制系统

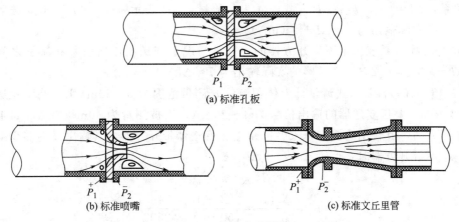

(a) 标准孔板

(b) 标准喷嘴　　　　　　　　　　　(c) 标准文丘里管

图 5-6　标准节流装置

(a) 带取压装置的孔板　　　　　(b) 带差压变送器的孔板

图 5-7　孔板流量系统实物

 操作训练

观察节流装置形状，分析三种不同节流装置的特点，注意节流元件的安装方向。尝试在管道上安装差压式流量计。

 思考与练习

① 孔板的安装反向了，会有什么结果？
② 哪一种节流装置加工相对简单？哪一种最复杂？哪一种精度会高？
③ 差压变送器或流量变送器的正压室应接节流装置的上游还是下游？
④ 能否将节流装置安装在拐弯处？

知识拓展　差压式流量检测信号转换

在差压式流量测量中，差压信号和流量信号之间成平方关系，因此，采用不同的仪表配置，变送器的输出信号和流量之间的关系是不同的。

① 信号转换中带有开方器的，这种情况下和其他变送器一样，变送器信号和流量之间

成线性关系：$\Delta I=k_1 q=k_2\sqrt{\Delta P}$，式中 q 表示流量，ΔP 表示差压，ΔI 表示变送器输出变化，变送器的实际输出为 $I=\Delta I+4$（mA）。

② 信号转换（系统）中不带开方器的，这种情况下变送器输出信号和流量之间成平方关系：$\Delta I=k_1' q^2=k_2'\Delta P$，变送器的实际输出为 $I=\Delta I+4$（mA）。

【例 5-1】 有一台差压式流量计，体积流量 q 测量范围为 $0\sim 50\mathrm{m}^3/\mathrm{h}$，差压变送器的量程为 $0\sim 16\mathrm{kPa}$，差压变送器的输出信号为 $4\sim 20\mathrm{mA}$，当被测量为 $40\mathrm{m}^3/\mathrm{h}$ 时，如果差压变送器不带开方器，其输出为多少毫安？如果差压变送器带开方器，其输出又为多少毫安？

解： ①不带开方器时：
$$\Delta I=k_1' q^2$$
$$\Delta I_{\max}=k_1' q_{\max}^2$$
$$k_1'=\frac{\Delta I_{\max}}{q_{\max}^2}=\frac{20-4}{(50-0)^2}=\frac{16}{2500}$$

当被测量为 $40\mathrm{m}^3/\mathrm{h}$ 时：
$$\Delta I=\frac{16}{2500}\times(40-0)^2=10.24(\mathrm{mA})$$

变送器输出：
$$I=\Delta I+4=14.24\ (\mathrm{mA})$$

② 带开方器时：
$$\Delta I=k_1 q$$
$$\Delta I_{\max}=k_1 q_{\max}$$
$$k_1=\frac{\Delta I_{\max}}{q_{\max}}=\frac{20-4}{50-0}=0.32$$

当被测量为 $40\mathrm{m}^3/\mathrm{h}$ 时：
$$\Delta I=k_1 q=0.32\times 40=12.8(\mathrm{mA})$$

变送器输出：
$$I=\Delta I+4=16.8\ (\mathrm{mA})$$

任务 5.1.3 使用电磁流量计

当被测的介质具有强腐蚀性或具有固体颗粒时，需要一种检测元件与介质不直接接触的流量测量仪表。

(1) 电磁流量计的检测原理

实际的电磁流量计如图 5-8 所示，电磁流量计是利用电磁感应原理制成的流量测量仪表，可用来测量导电液体的流量。

图 5-8　实际的电磁流量计

电磁流量计是电磁感应定律的具体应用，如图 5-9 所示，当导电的被测介质在管道内运动时，切割磁力线，在管径方向上产生一个感应电动势，流速越快，感应电势越大，液体充满整个管道，管道直径和磁场强度一定时，感应电势正比于体积流量。

（2）电磁流量计的特点

优点：压力损失小，适用于含有颗粒、悬浮物等流体的流量测量；可以用来测量腐蚀性介质的流量；流量测量范围宽；流量计的管径小到1mm，大到2m以上；测量精度为0.5～1.5级；电磁流量计的输出与流量呈线性关系；反应迅速，可以测量脉动流量。

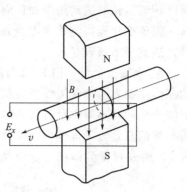

图5-9 电磁流量计原理图

缺点：被测介质必须是导电液体，不能用于气体、蒸汽及石油制品的流量测量；流速测量下限有一定限度；工作压力受到限制。结构也比较复杂，成本较高。

 操作训练

观察电磁流量计的形状，分析其检测元件和转换装置。观察其管道里衬有什么要求？尝试在管道上安装差压式流量计。

 思考与练习

① 电磁流量计有无安装方向？当安装方向错误会出现什么后果？

② 能不能用电磁流量计检测纯净水和空气的流量？

任务5.1.4　使用旋涡流量计

旋涡流量计是利用流体振荡原理来进行流量测量的。它可分为流体强迫振荡的旋涡进动型和自然振荡的卡门旋涡分离型。前者称为旋进旋涡流量计，后者被称为涡街流量计。

（1）旋进旋涡流量计的检测原理

① 旋进旋涡流量计　图5-10为旋进旋涡流量计，图5-11为旋进旋涡流量计的原理图。流体流过螺旋叶片后被强制旋转，便形成了旋涡，旋涡的中心是涡核。涡核进动的频率和流体的体积流量成比例，涡核的频率通过热敏电阻来检测。热敏电阻通过电流，使它的温度始终高于流体的温度，每当涡核流经热敏电阻一次，热敏电阻就被冷却一次。这样，热敏电阻的

图5-10　旋进旋涡流量计

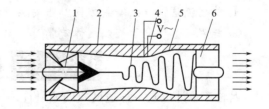

图5-11　旋进旋涡流量计测量原理

1—螺旋叶片；2—文丘里收缩段；3—旋涡；
4—热敏电阻；5—扩大段；6—导直叶片

温度随着涡核的进动频率而作周期性变化，该变化又导致热敏电阻的阻值也作周期性变化。这一阻值变化经检测放大器处理后转换成电压信号。最终得到与体积流量成比例的脉冲信号，送到显示仪表显示。

② 涡街流量计　图 5-12 为涡街流量计。涡街流量计的测量原理如图 5-13 所示。在流动的流体中插入一个非流线型柱状物，常用圆柱形或三角形柱体。流体流动到柱体，会在柱体下游产生两列不对称且有规律的旋涡。当满足 $h/l=0.281$ 时，产生的漩涡是稳定的。在涡街测量的有效流量范围内，流体的平均流速 u 与漩涡的频率 f 成正比，所以测得 f 即可求得 u，由 u 可得到体积流量 Q 值。

图 5-12　涡街流量计

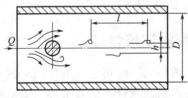 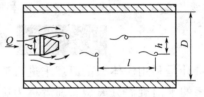

(a) 圆柱检测器产生的旋涡　　　　(b) 三角柱检测器产生的旋涡

图 5-13　涡街流量计检测原理

操作训练

观察旋涡流量计的外形，区别涡街流量计和旋进旋涡流量计的区别，按照流量计的提示安装流量计，并与配套显示仪表连接，观察信号指示。

思考与练习

① 旋涡流量计有无安装方向？当安装方向错误会出现什么后果？
② 旋涡流量计能否检测气体流量？

任务 5.1.5　使用涡轮流量计

涡轮流量计也是一种速度式的流量计。

(1) 涡轮流量计的检测原理

图 5-14 所示为涡轮流量计，图 5-15 为涡轮流量计的检测原理图。涡轮在被测流体的作用下产生旋转，每旋转一圈，涡轮上的叶片做切割磁力线的次数与叶片的数目相同，磁电转

项目5 操作流体混合单元的控制系统

图 5-14 涡轮流量计

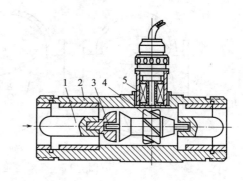

图 5-15 涡轮流量计检测原理图

1—导流器；2—外壳；3—轴承；4—涡轮；5—磁电转换器

换器输出的脉冲数与叶片的数目也就相同。在一定范围内，涡轮的转速与流体的平均流速成正比，通过磁电转换装置将涡轮的转速变成电脉冲信号。当管道涡轮流量计结构一定，只要测量出磁电转换器输出的脉冲频率，就可知道被测介质的流量。

(2) 涡轮流量计的特点

优点：测量精度高，复现性和稳定性均好；量程范围宽，量程比可达(10～20)∶1，刻度线性；耐高压，压力损失；对流量变化反应迅速，可测脉动流量；抗干扰能力强，信号便于远传及与计算机相连。

缺点：结构复杂，成本高。

适用场合：涡轮流量计通常主要用于测量精度要求高、流量变化快的场合，还可用作标定其他流量计的标准仪表。

操作训练

观察旋涡轮量计的外形，按照流量计的提示安装流量计，并与配套显示仪表连接，观察信号指示。

思考与练习

① 涡轮流量计中的电磁转换器有什么作用？
② 涡轮流量计能否检测气体流量？

任务5.1.6 使用椭圆齿轮流量计

椭圆齿轮流量计是一种常见的容积式流量检测仪表。

(1) 椭圆齿轮流量计的检测原理

图 5-16 为椭圆齿轮流量计，图 5-17 为椭圆齿轮流量计检测原理图。两个相互啮合的齿轮，在流体的带动下旋转，每旋转一周就排除 4 个固定月牙形体积的流量，流速越快齿轮转动越快，单位时间内排出的液体体积就越多，因此，只要检测齿轮转动周数就可以检测到流量的大小。

图 5-16 椭圆齿轮流量计

· 105 ·

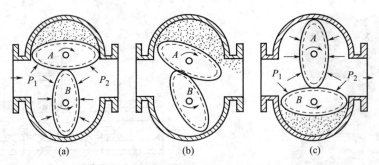

图 5-17　椭圆齿轮流量计检测原理

（2）椭圆齿轮流量计的特点

优点：检测精度高，特别是黏度大的介质；测量范围大；一般可以作为精确累计流量检测使用。

缺点：对测量的最小流量有限制，不能测量气体和含有固体颗粒的液体流量，因此，一般要求在椭圆齿轮流量计前加过滤器；而且椭圆齿轮加工制作要求高。

 操作训练

观察椭圆齿轮量计的外形，按照流量计的提示，安装流量计，并与配套显示仪表连接，观察信号指示。

 思考与练习

① 椭圆齿轮流量计为什么不能测气体流量？
② 椭圆齿轮流量计安装是否要考虑方向？

任务 5.1.7　使用质量流量计

速度式流量计和容积式流量计测量的都是体积流量，而实际生产中有时需要的是质量流量。质量流量计是近年来发展快的一种流量检测仪表。

（1）质量式流量计的检测原理

质量式流量检测仪表有多种，图 5-18 为 U 型科氏力质量流量计，图 5-19 为热式气体质量流量计。科氏力流量计，是一种利用流体在振动管中流动，产生与质量流量成正比的科里奥利力的原理来直接测量质量流量的仪表。热式气体质量流量计，依据的原理是流体吸收热

图 5-18　U 型科氏力质量流量计

图 5-19　热式气体质量流量计

的速度直接与质量流量相关,移动的气体分子撞击热电阻时吸收带走热量,流速越大,接触热电阻的分子越多,吸收的热量越多,热吸收与某种气体的分子数、热学特性和流动特性有关。

(2) 质量流量计的特点

质量流量计有以下优点:①对示值不用加以理论或人工经验的修正;②输出信号仅与质量流量成比例,而与流体的物性(如温度、压力、黏度、密度、雷诺数等)无关;③与环境条件(如温度、湿度、大气压等)无关;④只需一个变量对时间进行积分,完成流量的积算。

缺点:制造要求高,现阶段性能不是十分稳定,精度相对不高。

知识拓展 流量的温度、压力补偿

除了质量流量计以外,其他的容积式和速度式流量检测到的是体积流量,特别是气体体积流量随着温度、压力变化很大,因此,必须进行温度、压力补偿。

温度、压力补偿原理是对流量检测处的温度和压力进行检测,然后依据补偿公式进行补偿,差压式流量检测的温度、压力补偿原理如图5-20所示。

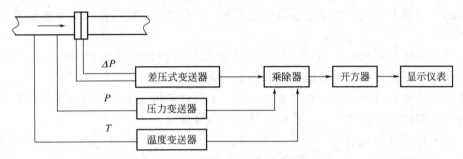

图 5-20 差压式流量检测的温度、压力补偿原理图

常规仪表补偿采用乘除器进行运算,在智能化仪表和 DCS 中有专门补偿运算的模块。

任务 5.2 操作无纸记录仪

【任务描述】 认识无纸记录仪,能熟练操作无纸记录仪,读取无纸记录仪上的数据。

无纸记录仪是一种用于数据存储的专用工业计算机,它以微处理器为核心,内置大容量存储器 RAM,存储多个过程变量的大量历史数据,能够显示出过程变量的百分值和工程单位当前值、历史变化趋势曲线、过程变量报警状态、流量累积值等,并提供多个变量值的同时显示,能够进行不同变量在同一时间段内变化趋势的比较,便于进行生产过程运行状况和故障原因分析等。无纸记录仪无纸、无笔,使得该记录仪成为完全的电子化仪表,避免了纸和笔的消耗与维护。

任务 5.2.1 认识无纸记录仪的结构

图 5-21 为两款无纸记录仪。它基本由主机板、LCD 图形显示屏、键盘、供电单元、输入处理单元等部分组成。

主机板是无纸记录仪的核心部件,包括中央处理单元 CPU 和只读存储器 ROM 及随机存储器 RAM 等。

图 5-21 两款无纸记录仪

无纸记录仪一般使用在面板方便设置的简易键盘。例如 JL 系列无纸记录仪只设置四个基本按键,在不同画面显示时定义为不同的功能,从而使仪表结构紧凑、面板美观。

无纸记录仪采用新型 TFT（Thin-Film-Transister 薄膜晶体管）和液晶显示器 LCD（Liquid Crystal Display）,不仅能够方便地显示字符、数字,还可以显示图形、文字,是一种高性能的平面显示终端,无纸记录仪常设置 EL 背光功能,使得在黑暗中也能清晰看到显示画面和内容。

供电单元采用交流 220V、50Hz 交流供电或 24V 直流供电。内设高性能备用电池,在记录仪掉电时,保证所有记录数据及组态信息不会丢失。

无纸记录仪设有通信接口,通过通信网络与上位计算机通信,将数据传给计算机,利用打印机打印出需要的报表和信息,或进行数据的综合处理。

无纸记录仪可以接收多种类型的信号输入,如 0~10mA、4~20mA 标准电流信号,1~5V、0~5V 等电压信号输入,各种热电偶和热电阻输入及脉冲信号输入,有的记录仪还有开关量报警输入等。

任务 5.2.2 无纸记录仪的操作

无纸记录仪的操作画面可以充分发挥其图像显示的优势,实现多种信息的综合显示。通常无纸记录仪的显示内容如下:

① 过程变量的数字形式双重显示,即同一变量,既能以工程单位数值显示,又能以百分量显示,便于变量的监视;

② 显示变量的实时趋势和历史趋势图,通过时间选择,可查看变量一定时间内的变化情况;

③ 用棒图形式显示变量的当前值和报警限设定值,便于远距离观察;

④ 对各通道变量的报警情况进行突出显示。

下面以 SUPCON JL-22A 型无纸记录仪的显示画面和操作为例进行简要说明。

(1) 实时单通道显示

单通道显示是无纸记录仪使用中常用的显示方式,该显示画面如图 5-22 所示。

顶行左上角显示日期、时间,右上角显示该通道变量的工程单位。下面为通道变量的棒图显示,同时显示出报警上下限的设定位置。黑框内表示当前显示的通道号,右侧 "A" 表示目前处于自动翻页状态（每 4s 自动切换显示下一通道的实时单通道显示画面）;"H" 表示通道报警状态（H、L 分别表示上限和下限越限报警）。中间显示的数值为通道变量当前

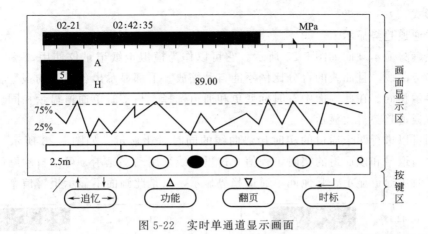

图 5-22 实时单通道显示画面

时刻的工程单位数值。中下部的曲线为通道变量的实时趋势曲线,左侧显示出当前曲线的百分标尺(25%、75%),下部为时间轴,显示出时间范围,右侧"0"为当前时刻。下面的小圈表示各通道的报警状态,黑圈表示该通道出现报警,白圈表示该通道处于非报警状态。

最下部给出屏幕面板上的 4 个按键,其中"追忆"键为左右双键。各键定义有上下两行功能,在不同画面下执行具体的功能。

趋势显示曲线的时间标尺可以人为调整。按动"时标"键,可以切换各种设定好的时间范围。实时曲线采用全动态显示,根据变量在时间标尺范围内变化的幅度,仪表将自动调整纵坐标百分标尺。如图 5-23 所示,由于变量只在 30%～70%范围内变化,记录仪会自动将百分量范围调整为 30%～70%,画面虚线显示 40%和 60%。纵坐标百分标尺是等比例的,从显示百分值可以看出曲线的缩放变化。

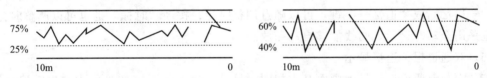

图 5-23 实时曲线的自动放大与缩小

时间标尺的变更,可以实现趋势曲线的长时间和短期变化显示。变更时标前后的曲线比较如图 5-24 所示,时间标尺中的单位 m 表示的是分钟,10m 表示为 10 分钟。

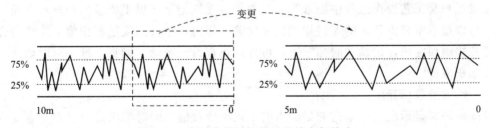

图 5-24 实时曲线时间标尺的放大与缩小

翻页操作用于更换不同通道的显示。在此画面内,"←"键被定义为自动/手动翻页切换键,在手动切换时,图 5-22 画面中"A"显示为"M"。在手动切换方式下,按动"翻页"键可以切至不同通道的实时显示。

按键"功能"被定义为随时更换画面显示类型键。按动"功能"键,使画面转为其他类型的显示形式。

(2) 单通道趋势显示

单通道趋势显示画面如图 5-25 所示。它可以作为模拟走纸记录仪使用，整个屏幕显示单通道的趋势曲线，且曲线的百分比例不能自动缩放。下部显示出各通道的报警状态，与实时单通道显示相同。在此画面中，时标变更和通道选择，与实时单通道显示相同。

(3) 双通道趋势对比显示

该画面可以进行两个通道的实时趋势曲线的同时对比显示，如图 5-26 所示。顶行右侧黑框内显示通道号和该通道的实时工程值。这里曲线采用动态显示，可以自动缩放百分比例标尺，同实时单通道显示。其他同单通道趋势显示，只是此画面不显示报警信息。

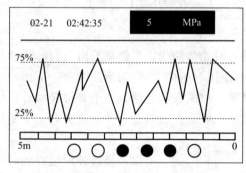

图 5-25 单通道趋势显示画面

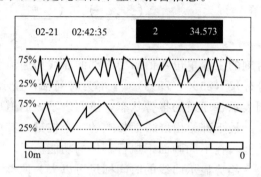

图 5-26 双通道趋势对比显示画面

(4) 双通道追忆显示

此画面与双通道趋势对比显示基本相同，只是在屏幕下部（显示报警位置出现"⇔追忆"字样）。在此画面中，以当前时刻为起点，显示到要追忆时刻的两个通道的趋势曲线。按动"←追忆"或"追忆→"键，可以随意调整时标；按动"时标"键也可以调整时标。此画面也采用全动态显示，曲线能够自动缩放。

(5) 双通道报警追忆显示

该画面与双通道追忆显示画面基本相同，只是"⇔追忆"字样显示为"报警追忆"。在此画面中，按动"←追忆"向前自动查询有报警的时间段，屏幕右端显示的时间始终为出现报警点时刻。此画面用于快速查询历史趋势中的报警信息。

(6) 单通道流量累积显示

流量累积是工艺操作过程中经常需要的数据，无纸记录仪提供流量累积显示画面。此画面中，可以显示本月内每天的流量累积值和向前一年内每个月的流量累积值。这些内容的显示需要几幅画面完成，按动"时标"键，可以循环查看。按动"翻页"键，可以切换下一个通道的累积流量。

(7) 八通道数据显示

该画面同时显示出八个通道变量的当前工程单位数值，同时给出通道号和对应变量的工程单位。供用户同时查看八个通道的实时数据。

(8) 八通道棒图显示

在此画面内，同时给出八个通道的棒图，并行垂直放置，两侧显示出百分量标尺。为了用户操作方便，系统设定在此画面内，"时标"键也作为背光打开/关闭开关使用。背光功能关闭时，背光始终不亮；背光打开，任意按一个键就可以打开背光，直至最后一次按键

2min 后自动关闭背光。在光线充足时不使用背光。

操作训练

根据已经组态好的无纸记录仪，读取相应通道的数据。分别进行各单通道显示、双通道显示以及八通道显示。

思考与练习

① 当前显示 10min 的趋势，要想看 1h 的趋势应该按_____键，改变_____。

② 画面显示在自动状态，要想变成手动状态，按_____键，在手动状态下想看其他通道数据按_____键。

③ 要实现单通道、双通道和八通道功能切换，按_____键。

任务 5.3　操作流体混合单元控制系统

任务 5.3.1　认识串级控制系统

图 5-1 所示的带控制点流程图中，对储罐 V101 的液位控制如图 5-27 所示。该控制系统中，液位控制器 LIC101 的输出给了流量控制器 FIC102 作为给定值，流量控制器的输出则控制流量控制阀 FV102。串级控制系统的方块图见图 5-28。

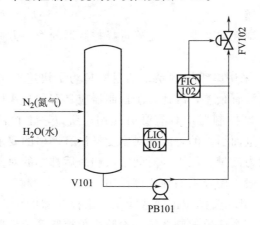

图 5-27　V101 储罐液位与流量串级控制

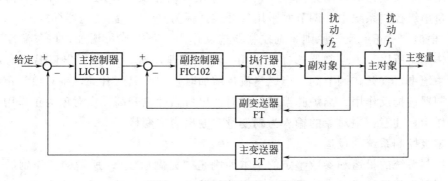

图 5-28　串级控制系统方块图

LIC101 和 FIC102 两个控制器，其中一个控制器的输出作为另一个控制器的给定值，但只有一个控制阀，也就是说有两个被控变量，分别是液位和流量，但在这里主要是控制液位的稳定，因此，液位为主被控变量，而流量为副被控变量。引入流量控制系统的目的是因为流量是影响液位稳定的主要因素，控制流量仅仅是为了进一步稳定液位。

知识拓展　串级控制系统

串级控制系统是指一个自动控制系统由两个串联控制器，通过两个检测元件构成两个控制回路，并且一个控制器的输出作为另一个控制器的给定。

(1) 串级控制系统的特点

串级控制系统总体为定值控制系统，但副回路是随动控制系统。主控制器根据负荷和条件的变化不断调整副回路的设定值，使副回路适应不同的负荷和条件。串级控制系统概括起来有如下特点。

① 由于副回路快速作用，对进入副回路的扰动能够快速克服，如果副回路未能够快速克服而影响到主变量，将激发主控制器的进一步控制，因此总的控制效果比单回路控制系统大大提高；

② 串级控制系统能改善对象的特性，由于副回路的存在，可使控制通道的滞后减小，提高主回路的控制质量。而且可以将副对象的非线性特性改善为近似线性特性；

③ 对负荷和操作条件具有一定的自适应能力。主回路是一个定值调节系统，副回路是一个随动系统，主调节器能按对象操作条件及负荷情况随时校正副调节的给定值，从而使副参数能随时跟踪操作条件负荷的变化而变化。

(2) 串级控制器的选择

合理选择控制器的控制规律及参数，正确选择控制器的作用方向，才能保证串级控制系统的正常运行和控制质量。

① 控制规律的选择　采用串级控制系统的目的是为了快速克服主要扰动的影响，严格控制主变量，确保主变量没有余差，因此，主控制器应具有积分作用；串级控制一般应用在对象时间滞后大的场合，主控制器应具有微分作用，所以，主控制器采用 PID 控制规律。副变量只是为了保证主变量而引入的，因此对副变量没有严格的要求，副控制器一般不设置积分规律，只有在副对象为流量、压力等时间常数和滞后都小的对象，才适当增加一点积分作用，因此，副控制器一般采用较强的纯比例作用。

② 控制器的正、反作用的选择　正确选择主、副控制器的正、反作用才能保证控制系统为负反馈。视副回路为一个简单控制系统，参照简单控制系统的判断方法确定副控制器的正、反作用。主控制器的作用方向与主对象的作用方向相反。在图 5-29 所示的精馏塔塔釜与蒸汽流量串级控制系统中，调节阀采用气开式，标为（＋），副变送器标（＋），流量对象为（＋），根据"三正一反"原则，副控制器选反作用。蒸汽流量增加，塔釜温度升高，主对象为正作用，所以，主控制器选择反作用。同样道理，图 5-30 所示出口温度与炉膛温度串级控制系统中，气开式调节阀，当燃料流量增加时，炉膛温度升高，副对象为正作用，所以，副控制器选择反作用；当炉膛温度升高时，出口温度也升高，主对象为正作用，主控制器选择反作用。注意：主对象的输入为副变量，输出为主变量。

(3) 串级控制系统的投运

串级控制系统的投运和参数整定的基本原则是"先副后主"。所谓的"先副后主"是指先对副控制器进行投运或整定，最后才对主控制器进行整定。投运的过程中应做到无扰动切

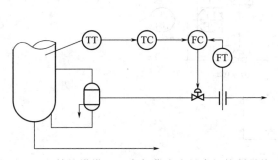

图 5-29 精馏塔塔釜温度与蒸汽流量串级控制系统

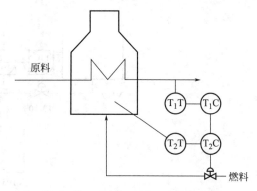

图 5-30 出口温度与炉膛温度串级控制系统

换。用电动控制仪表组成的串级控制系统的投运过程如下。

① 正确选择主、副控制器的开关位置 主、副控制器均置"手动"位置，主控制器设定开关置"内给定"，副控制器置"外给定"；主副控制器的正反作用按照前面讲的判别方法选择正确的开关位置；将 PID 参数放置在经参数整定或原来经验值上。

② 副控制器切换至自动 先用副控制器的手动操作直接控制调节阀，在主变量接近设定值，副变量也较平稳时，手动操作主控制器，使副控制器的内设定值等于副变量，即可把手动-自动切换开关打向"自动"，实现副控制器切向"自动"的无扰动切换。

③ 当副控制回路稳定，副变量等于设定值时，调节控制器的外设定值，使其等于主变量，即可将主控制器切向"自动"。

④ 待主、副回路在自动状态下基本稳定后，可以适当调整控制器的 PID 参数，提高系统的控制品质。

操作训练

分析项目中的液位与流量串级控制系统中主、副变量，确定调节阀的形式，选择两个控制器的作用形式。按照控制要求确定该系统投运过程。

思考与练习

① 液位与流量控制系统中主被控变量是_____，副被控变量是_____，操纵变量是_____。

② LIC101 为_____作用，FIC102 为_____作用。

③ 查仿真操作手册，确定 LIC101 采用_____控制规律，各参数为 $\delta=$ _____%，$T_I=$ _____min，$T_D=$ _____min。

任务 5.3.2 认识比值控制系统

图 5-1 所示的带控制点流程图中，对进入 V103 的两股进料控制如图 5-31 所示，该控制系统采用的是比值控制系统。该系统为了保证进入 V103 槽的两种液体能够严格按照比例混合，以 V102 出料流量为主，让新加入物料流量跟随其变化而变化，但要保证两种物料比例为 2∶1。

为了保证 V102 的出料相对稳定，FIC103 控制器通过 FV103 控制，保证其流量基本稳定。FT103 和 FT104 为两个流量变送器，FFIC104 为一比值控制器，按照两个变送器的检测信号进行运算，结果控制 FFV104 阀门的开度，改变新加入物料的流量。该比值控制系统

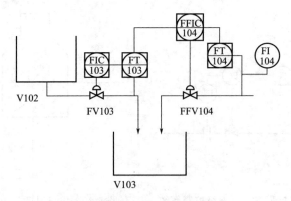

图 5-31　两种液体混合比值控制系统

为双闭环比值控制系统，FI104 为新加入流量的就地指示。

知识拓展　比值控制系统

在化工生产过程中，常常遇到要求两种或两种以上的物料按照一定的比例混合或进行化学反应。要保证两种物料成一定比例关系，一般地说应采用比值控制系统，也可以分别设置流量控制系统，使其与设定值成比例关系，但要求主动量的波动要小。比值控制系统就是为了保证两种流量成一定比例关系而设置的一个控制系统。

(1) 比值控制系统的类型

① 开环比值控制系统　开环比值控制系统是按照主动流量的检测值，通过比值控制器直接控制从动物料上的阀门开度，如图 5-32 所示。图中 F_1 为主动量，F_2 为从动量，FY 表示比值运算器。当 F_1 发生变化时，通过比值控制器 FY 运算改变阀门开度，从而改变 F_2 的流量。这种控制方案的检测取自 F_1，控制作用信号送到 F_2，而 F_2 的流量不可能反过来影响到 F_1 的流量，因此是开环控制。

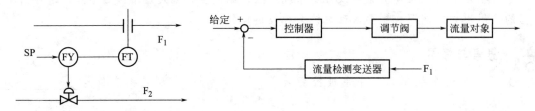

图 5-32　开环比值控制系统及其方块图

开环比值控制系统的优点是需要的仪器少，系统结构简单，但由于没有形成闭环控制系统，比值控制器只能改变阀门的开度，却不能保证 F_2 的实际流量真正跟随 F_1 变化，所以开环比值系统应用的场合很少，主要用在从动量相对稳定的场合。

② 单闭环比值控制系统　为克服从动量的不稳定，在从动量上增加一个闭环控制回路。按照乘法控制实施方案或除法控制实施方案，把主动量的信号送给乘法器或除法器运算，结果作为从动量控制器的设定值或测量值。图 5-33 中分别为用乘法器和除法器实施的单闭环比值控制系统。图 (a) 中 F_1Y 代表乘法器，图 (b) 中 F_1Y 代表除法器。

无论是除法方案还是乘法方案，都能保证从动量跟随主动量变化。同时由于从动量的闭环控制保证了它的流量稳定在主动量要求的值上。这种控制方案实施方便，比值精确，应用

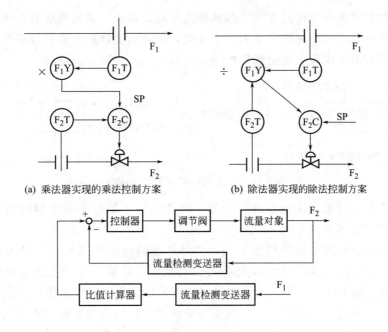

(a) 乘法器实现的乘法控制方案　　(b) 除法器实现的除法控制方案

(c) 乘法控制方案方块图

图 5-33　单闭环比值控制系统

最广泛。但由于主动量未加控制，所以总的流量不固定。

③ 双闭环比值控制系统　为了保证主物料流量的稳定，在主动量上增加一个闭合流量控制回路，这样的比值控制系统有两个闭合的回路，所以被称为双闭环比值控制系统。如在烷基化装置中，进入反应器的异丁烷-丁烯馏分要求按比例配以催化剂——硫酸，同时要求各自的流量能比较稳定。图 5-34 为该装置的双闭环控制系统的乘法方案示意图。这种双闭环比值控制系统可以保证总的流量稳定，要提高生产负荷，只需改变 F_1C 控制器的设定值就可以实现，比较方便。但这种控制系统需要仪表多，实际生产中应用相对较少。

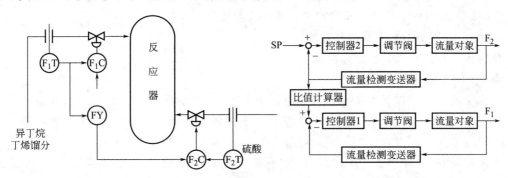

图 5-34　双闭环比值控制系统及方块图

④ 变比值控制系统　在有的生产过程中，要求两种物料的比值关系随着工况情况而改变，以达到最佳生产效果。如在硝酸生产中，要求氨气/空气之比应根据氧化炉内的温度变化而改变。因此，设计把炉内温度控制器的信号作为实现氨气/空气比值的控制器的设定值，这就是变比值控制系统，也称串级比值控制系统。

（2）比值方案的实施

无论采用以上哪种类型控制方案，在具体实施时，都可以采用乘法方案或除法方案。采用乘法方案是将主流量的检测信号乘上一个系数，作为副流量控制器的设定值。而除法方案是将主副流量检测值的比值作为副流量控制器的测量值。如图 5-35 所示。

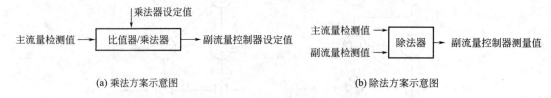

(a) 乘法方案示意图　　　　　　　　　　(b) 除法方案示意图

图 5-35　比值系统实施方案示意图

乘法控制方案可以采用比值器或乘法器，二者区别主要在于乘法器的系数可以是外给定，也就是说可以随其他值变化。

由于主、副流量检测装置的量程不同，同时考虑到流量检测值与流量本身不一定成线性，而且现采用的国际标准信号的零点是 4mA，所以，比值系统的实施必须计算出信号比 K。进而计算出采用不同控制装置的设定值。如果采用比值器应计算出信号比，通过比值器的内部设定该值。乘法器需要外设定，而采用除法器时，除法器的输出作为副流量控制器的测量值，也必须计算出副流量控制器的设定值。当生产中要求流量比值发生变化时，乘法方案调整乘法器的设定值，除法方案调整副流量调节器的设定值。

任务 5.3.3　流体混合单元（液位控制系统单元）仿真操作

操作训练

(1) 冷开车仿真操作练习

在图 5-1 的显示画面中，点击到现场画面按钮，进入现场显示画面，如图 5-36。先手动操作，使各变量达到控制要求后，再将各个控制系统投入自动运行。

装置的开工状态为 V-102 和 V-103 两罐已充压完毕，保压在 $2.0 kgf/cm^2$，缓冲罐 V-101 压力为常压状态，所有可操作阀均处于关闭状态。

① 缓冲罐 V-101 充压及液位建立

◆确认事项：V-101 压力为常压

◆V-101 充压及建立液位：

• 在现场图上，打开 V-101 进料调节器 FIC101 的前后手阀 V1 和 V2，开度在 100%；

• 在 DCS 图上，使 FIC101 为手动控制，手动调节使阀位在 30% 左右开度，给缓冲罐 V101 充液；

• 再启动压力调节器 PIC101，先为手动模式，手动使阀位先开至 20%，当压力达 $5kgf/cm^2$ 左右时，PIC101 投自动。

② 中间罐 V-102 液位建立

◆确认事项：V-101 液位达 40% 以上，压力达 $5.0 kgf/cm^2$ 左右。

◆V-102 建立液位：

• 在现场图上，打开泵 P101A 的前手阀 V5 为 100%，启动泵 P101A；

• 当泵出口压力达 $10kgf/cm^2$ 时，打开泵 P101A 的后手阀 V7 为 100%；

• 打开流量调节器 FIC102 前后手阀 V9 及 V10 为 100%，使调节器 FIC102 处于手动状

项目5 操作流体混合单元的控制系统

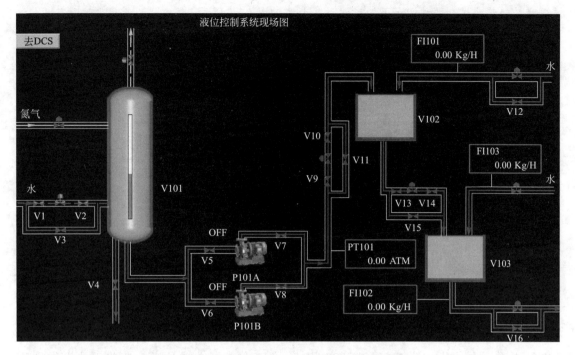

图 5-36 流体混合单元（液位控制）现场流程图画面

态，手动调节 FV102 开度，使泵出口压力控制在 9.0kgf/cm² 左右；
- 使 LIC102 处于手动状态，手动打开液位调节阀 LV102 至 50%开度；
- V-101 进料流量调整器 FIC101 投自动，设定值为 20000.0kg/h；
- 当 V101 液位达到 50%左右时，调整 FIC102 的设定值为流量指示值，将 FIC102 的控制方式改为自动（AUT），即副环先自动。待 FIC102 流量和 LIC101 的液位稳定后，再将 LIC101 调节器投入自动；同时将 FIC102 的设定值变成 LIC101 的输出（注意将百分数换算成流量工程单位值）和控制方式变成串级（CAS）方式。（串级控制系统投运过程）；
- 当 V-102 液位达 50%左右，LIC102 投自动，设定值为 50%。

③ 产品罐 V-103 液位建立

◆确认事项：V-102 液位达 50%左右。

◆V-103 建立液位：
- 在现场图上，打开流量调节阀器 FV103 的前后手阀 V13 及 V14；
- 在 DCS 图上，打开 FIC103 及 FFIC104 手动调节阀位开度均到 50%，然后投入自动运行；
- 当 V103 液位达 50%时，打开液位调节器 LIC103，手动使阀门开度为 50%，待液位平稳后 LIC103 投自动，设定值为 50%。

（2）正常操作

串级控制对进入副路扰动的克服　培训项目选择列管换热器正常运行、采用通用 DCS 系统。FIC102 的控制参数为 K=0.6、T1=10、T2=0，将 P101 泵的前后阀 V5、V7 的开度变成 80%，相当于增加一个进入副环的流量的扰动，运行 30min 后，查看趋势画面中的串级控制的主被控变量和副被控变量，即液位 LIC101 和 LIC102 的指示值。为了便于观察，调整趋势画面中的 $X_{min}-X_{max}$ 为 100，Y_{min} 为 30%，Y_{max} 为 65%。重做当前任务，调整 FIC102 的控制参数为 K=1、T1=1000、T2=0，这时相当于放大倍数为 1 的环节，为液位单回路控制系统，同样观察其趋势曲线。两种情况下的过渡过程曲线如图 5-37 所示。

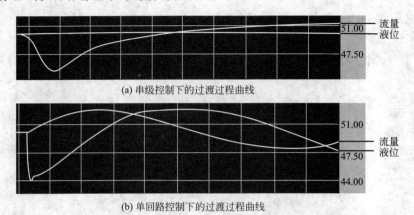

(a) 串级控制下的过渡过程曲线

(b) 单回路控制下的过渡过程曲线

图 5-37　串级控制与单回路控制下的液位和流量过渡曲线

　思考与练习

① 单回路下的液位最大偏差_____。

② 串级控制的副环对进入副环的扰动有什么作用？

③ 比值控制系统分析与流量比的实现　选择液位控制单元仿真工艺的正常操作项目，观察 FI103 和 FIC103 的流量指示值之比是否是 FFIC104 的指示值。改变 FIC103 的 SP 值，观察两个流量变化，比较 FIC103 和 FFIC104 的变化曲线，如图 5-38 所示为 FIC103 的 SP 值由 30000 改为 20000 时的曲线图。

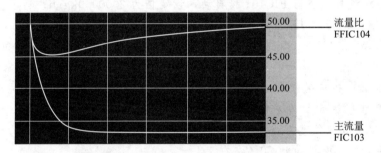

图 5-38　主流量设定值变化下的过渡过程

如果想将两个流量之比改为 3，可以通过改变 FFIC104 的 SP 值为 3，观察两个流量指示值的变化，并在趋势画面中观察 FFIC104 的 PV 值变化，其趋势变化曲线如图 5-39 所示。

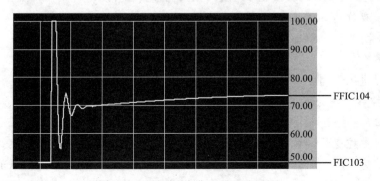

图 5-39　流量比变化下的过渡过程

思考与练习

① 该比值控制系统是_____比值系统，是_____实施方案。

② 改变流量比，主动流量 FIC103_____，从动流量_____。

③ 若将 FIC103 的输出与阀 FV103 之间的信号切断，是否可以？若可以，控制系统有什么变化？

④ 图 5-38 中，随着时间的变化，FFIC104 的 PV 值将趋于_____%，流量比为_____。

小结

1. 流量检测仪表种类很多，按照检测原理可以分成三类：速度式流量仪表、容积式流量仪表、质量式流量仪表。

2. 不同类型的流量检测仪表主要原理和应用情况如下。

① 转子流量计：将流量转换成转子浮动的高度，根据高度检测流量。优选洁净的液体或腐蚀性液体、气体及相应小流量的测量。

② 差压式流量计：流量通过节流装置产生差压信号，利用差压计进行检测。优选洁净的液体、腐蚀性液体、蒸汽、气体的流量测量，管道口径大于 50mm。

③ 电磁流量计：利用导电介质流动，切割磁力线，形成的电动势测量流量。适用于测量洁净的、脏污的、有腐蚀性液体、大口径管道的流量或脉动流量。

④ 漩涡流量计：分为流体强迫振荡的漩涡进动型的旋进漩涡流量计和自然振荡的卡门漩涡分离型的涡街流量计。优选洁净的液体、腐蚀性液体、蒸汽、气体、大口径管道的流量测量。

⑤ 涡轮流量计：流量变化带动涡轮切割磁力线，产生脉冲输出。适用于洁净的液体、蒸汽、气体的流量的精确测量。在管道振动较大或环境有明显振动的场所不宜选用。

⑥ 椭圆齿轮流量计：流体带动齿轮旋转，每转一周排出固定体积的流量，测量齿轮转动周数，即可测得流量。适用于测量洁净的、有黏性的、有腐蚀性的液体的流量。

⑦ 质量流量计：直接检测流体的质量，类型较多，适用于测量洁净的、脏污的、有腐蚀性、悬浮液体的流量。在管道振动较大或环境有明显振动的场所不宜选用。

3. 无纸记录仪是一种含微处理器的（新型）记录仪，能够记忆多变量的数据，分别以棒图和趋势曲线的形式显示。

4. 串级控制系统是一种常用的复杂控制系统，有两个控制器，其中一个（主控制器）的输出作为另一个（副控制器）的给定，这样的系统称为串级控制系统。串级控制系统的特点：①能迅速地克服进入副回路的扰动；②改善主控制器的被控对象特征；③有利于克服副回路内执行机构等的非线性。串级控制投运应先副后主的顺序，副控制器多采用比例作用，主控制器采用比例积分或比例积分微分规律。

5. 比值控制系统是为了保证两种或两种以上物料流量成比例。有开环比值、单闭环比值、双闭环比值和串级比值方案，实施又分为乘法方案和除法方案。DCS 控制中实现比较容易，多为除法方案。

习题

5-1 流量是在单位时间内流过_____的体积或质量。

5-2 流量的表示方法有_____和_____两种,而流量的测量又分为_____和_____两种。

5-3 工业上所用的流量仪表一般可分为_____、_____、_____三类。

5-4 差压式流量计的标准节流装置有_____、_____、_____三种。

5-5 利用差压式流量计检测流量时,若将差压变送器的输出(不带开方)直接送给显示仪表,则示值与流量之间的关系为_____,显示仪表的刻度为_____刻度;若差压变送器的输出带开方功能,则示值与流量之间的关系为_____,显示仪表的刻度为_____刻度。

5-6 电磁流量计是根据_____定律进行工作的。

5-7 有一台椭圆齿轮流量计,某一天24小时的走字为120字,已知积算系数为$1m^3$/字,求这一天的物料量是多少(m^3)?平均流量是多少(m^3/h)?

5-8 当测量的介质发生变化时,原来的转子流量计能否继续使用?应该如何处理?

5-9 什么是比值控制系统?

5-10 在比值控制系统中,什么是主动物料?什么是从动物料?如何选择?

5-11 比值控制系统有哪些类型?各有什么特点?

5-12 乘法控制方案中,乘法器的输入为_____、_____,输出作为_____。除法控制方案中,输入为_____、_____,输出作为_____。

5-13 串级控制系统有哪些优点?

5-14 什么是串级控制系统?由哪些环节构成?

5-15 简述串级控制系统的投运过程。

项目6

操作DCS控制的精馏单元

【项目描述】 你将进入某化工厂,作为一个精馏塔操作工,你将负责通过对DCS控制系统有一个较详细的认识,你应熟悉操作员站的设备并熟练地使用,能结合脱丁烷塔的生产工艺性质和要求,熟练完成该精馏单元操作,对生产过程中出现的DCS控制故障有初步的判断能力。

【项目学习目标】
① 能描述出DCS系统的基本构成和信号走向;
② 识别TDC3000的操作员键盘以及各键的功能;
③ 能读懂TDC3000的显示画面中的信息;
④ 能读懂精馏塔的控制方案,会精馏塔的DCS操作;
⑤ 能熟练调用各个画面,并能完成相关的操作;
⑥ 会查询历史数据,并能完成数据打印。

图6-1为DCS控制的精馏单元带控制点的流程图。

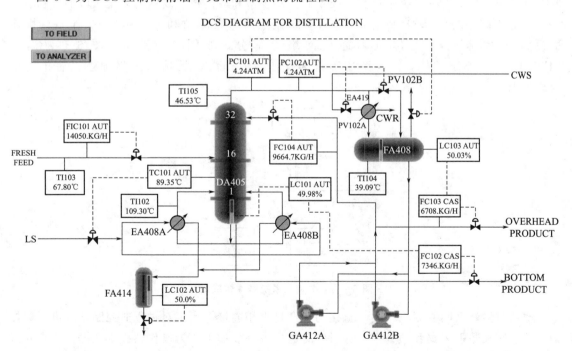

图6-1 DCS控制的精馏单元带控制点的流程图

来自脱丙烷塔的 67.8℃ 釜液，由流量控制系统 FIC101 控制从脱丁烷塔（DA-405）的第 16 块板进料；由温度控制系统 TC101 通过控制再沸器加热蒸汽的流量，来控制提馏段灵敏板温度，从而控制丁烷的分离质量。

脱丁烷塔塔釜液一部分作为产品采出，一部分经再沸器（EA-418A、B）部分汽化为蒸汽从塔底上升。塔釜的液位由 LC101 和 FC102 组成的串级控制系统控制。再沸器采用低压蒸汽加热，塔釜蒸汽缓冲罐（FA-414）液位由液位控制系统 LC102 控制。

塔顶的上升蒸汽经塔顶冷凝器（EA-419）全部冷凝成液体，该冷凝液靠位差流入回流罐（FA-408）。塔顶压力采用压力分程控制系统 PC102 控制：在正常的压力波动下，通过控制塔顶冷凝器的冷却水量来控制压力；当压力超高时，压力报警系统发出报警信号，PC102 控制塔顶至回流罐的排气量来控制塔顶压力控制气相出料。塔内操作压力为 4.25atm（表压），通过高压控制系统 PC101 来控制回流罐的气相排放量，来控制压力稳定。冷凝器以冷却水为载热体。回流罐液位由液位控制系统 LC103 控制塔顶产品采出量来维持恒定。回流罐中的液体一部分作为塔顶产品送下一工序，另一部分液体由回流泵（GA-412A、B）送回塔顶作为回流，回流量由流量控制器 FC104 控制。

任务 6.1　认识 DCS 系统

【任务描述】　能认识 DCS 控制系统的各个单元，并能叙述各个单元的作用；熟知信号的走向。

任务 6.1.1　认识 DCS 控制系统的构成

DCS 是分布式计算机控制系统（Distributed Control System）的简称，按其性能称为集散控制系统。集散控制系统是计算机技术、控制技术和通信技术发展的一定阶段的产物。

集散控制系统的基本组成通常包括现场监控站（监测站和控制站）、操作站（操作员站和工程师站）、上位机和通信网络等部分，如图 6-2 所示。图 6-3 为横河 CENTUM-CS 系统的外观图，图中前排为操作台，即操作员站和工程师站；后排立柜为现场监控站。

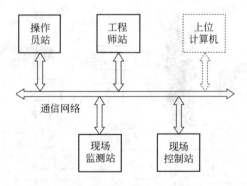

图 6-2　集散控制系统基本构成图

现场监测站又叫数据采集站，直接与生产过程相连接，实现对过程非控制变量进行数据采集。它完成数据采集和预处理，并对实时数据进一步加工，为操作站提供数据，实现对过程变量和状态的监视和打印，实现开环监视，或为控制回路运算提供辅助数据和信息。

图 6-3　横河 CENTUM-CS 的外观图

现场控制站也直接与生产过程相连接，对控制变量进行检测、处理，并产生控制信号驱动现场的执行机构，实现生产过程的闭环控制。它可控制多个回路，具有极强的运算和控制功能，能够自主地完成回路控制任务，实现连续控制、顺序控制和批量控制等。

操作员站简称操作站，是操作人员进行过程监视、过程控制操作的主要设备。操作站提供良好的人机交互界面，用以实现集中显示、集中操作和集中管理等功能。有的操作站具有进行系统组态的部分或全部工作，兼具工程师站的功能。

工程师站主要用于对 DCS 进行离线的组态工作和在线的系统监督、控制与维护。工程师能够借助于组态软件对系统进行离线组态，并在 DCS 在线运行时实时地监视 DCS 网络上各站的运行情况。

上位计算机用于全系统的信息管理和优化控制，而在早期的 DCS 产品中一般不设上位计算机。上位计算机通过网络收集系统中各单元的数据信息，根据建立的数学模型和优化控制指标进行后台计算、优化控制等功能。

通信网络是集散控制系统的中枢，它连接 DCS 的监测站和控制站、操作站、工程师站、上位计算机等部分。各部分之间的信息传递均通过通信网络实现，完成数据、指令及其他信息的传递，从而实现整个系统协调一致地工作，进行数据和信息共享。

操作站、工程师站和上位计算机构成集中管理部分；现场监测站、现场控制站构成分散控制部分；通信网络是连接集散系统各部分的纽带，是实现集中管理、分散控制的关键。

DCS 的层次化体系结构已成为它的显著特征，使之充分体现集散系统集中管理、分散控制的思想。若按照功能划分，集散型控制系统的分层体系结构分为四层，如图 6-4 所示。直接控制级主要完成控制监视站的功能，而其他三级为管

图 6-4　集散型控制系统的体系结构

理级，只是向上功能更加丰富，将办公自动化与企业管理自动化等方面的内容也引入到集散控制系统中，便于企业的经营管理与控制。但国内企业大都只是用到过程管理和直接控制级，经营管理级则更少使用。

图 6-5 为具有两级控制的 DCS 构成示意图。

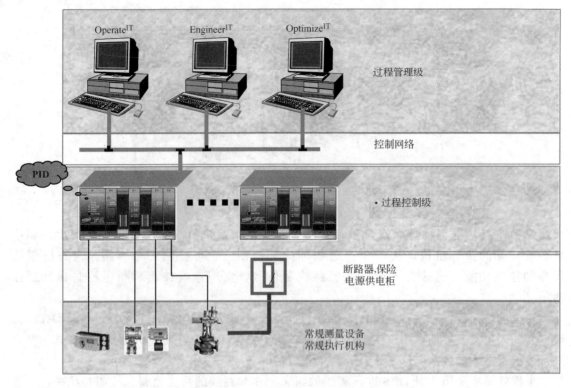

图 6-5 具有两级控制的 DCS 构成示意图

任务 6.1.2 精馏单元的 TDC-3000 配置

DCS 仿真系统是用数学模型代替工艺对象和仪表等，仿 DCS 操作员站的操作。精馏单元用 TDC-3000 系统控制，配置应有一个过程控制单元、一个万能操作站和一条局部控制网络（LCN）、一条万能控制网络（UCN）。

(1) TDC-3000 系统构成

TDC-3000 是美国霍尼韦尔（Honeywell）公司生产的集散控制系统，Honeywell 公司 1983 年推出 TDC-3000（LCN），系统增加了过程控制管理层，原来的 TDC-2000 改造为 TDC-3000BASIC；1988 年推出 TDC-3000（UCN），增加了万能控制网络 UCN、万能操作站 UWS、过程管理站 PM、智能变送器 ST3000 等新产品，使系统在控制功能、现场变送器智能化、开放式网络通信、综合信息管理等方面进一步得到加强，成为当前著名的 DCS 产品。

TDC-3000 系统总体构成图如图 6-6 所示。TDC-3000 的不断发展形成了三种不同的通信网络，每种网络均伴有自己的产品系列。这些网络分别为高速数据通道（DHW）、局部控制网络（LCN）和万能控制网络（UCN）。高速数据通道和万能控制网络主要用作数据采集和控制装置的通信，局部控制网络主要是作为各种模块的内部相互连接，这些模块的作用是提供较高级的控制、扩充的数据收集和分析。

① 局部控制网络（LCN） LCN 是 TDC-3000 的主干网，为总线拓扑结构，采用 IEEE802.4 协议。LCN 最多可挂接设备（称为节点 Node）64 个，主要挂接高级管理模块，将各个过程控制与管理的 UCN 或 DHW 连接成一体。LCN 上挂接的模件包括：US 万能操

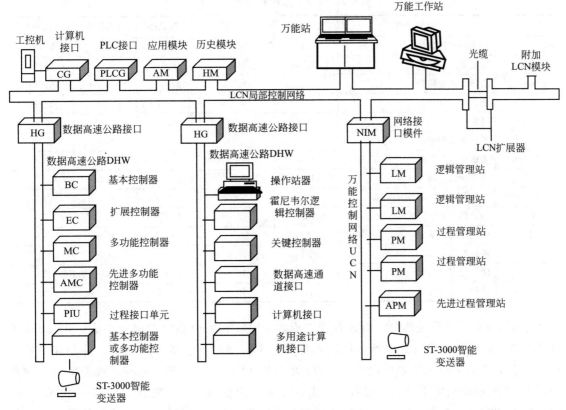

图 6-6 TDC-3000 系统构成图

作站（Universal Station）、AM 应用模块（Application Module）、HM 历史模块（History Module）、NIM 网络接口模件（Network Interface Module）、HG 数据高速公路接口（Highway Gateway）、CG 计算机接口模件（Computer Gateway）、UWS 万能工作站（Universal Work Station）、PLCG 可编程控制器接口（Programming Logic Controller Gateway）。

② 数据高速通道（DHW） DHW 是原 TDC-2000 的通信网络，为 TDC-3000BASIC 系统提供了数据交换的通道。属于过程控制网络。DHW 上挂接的模件包括：基本控制器 BC（Basic Controller）、多功能控制器 MC（Multifunction Controller）、先进多功能控制器 AMC（Advanced Multifunction Controller）、PIU 过程接口单元（Process Interface Unit）、EOS 增强型操作站（Enhanced Operator Station）、DHP 数据高速通路端口（Data Highway Port）。

③ 万能控制网络（UCN） UCN 与 TDC-3000BASIC 同属于过程控制层，是 1988 年开发的以 MAP 为基础的双重化实时控制网络。UCN 提供三种不同等级的分散控制装置：以过程控制装置（如 PM、LM 和 DHW 上的各种设备）为基础，并对控制机构进行控制的直接控制级；进行先进的控制过程管理级，包括比直接控制级更复杂的控制策略和控制计算；生产管理级，提供用于高级计算的技术和手段，例如适用于复杂控制的过程模型、过程优化控制及线性规划等。UCN 上挂接的设备包括：PM 过程管理站（Process Manager）、LM 逻辑管理站（Logic Manager）、APM 先进过程管理站（Advanced Process Manager）。

（2）本单元配置

本单元控制系统如表 6-1 所示。

表 6-1 精馏单元控制系统一览表

位 号	说 明	类 型	正常值	量程高限	量程低限	工程单位
FC101	塔进料量控制	PID	14056.0	28000.0	0.0	kg/hr
FC102	塔釜采出量控制	PID	7349.0	14698.0	0.0	kg/hr
FC103	塔顶采出量控制	PID	6707.0	13414.0	0.0	kg/hr
FC104	塔顶回流量控制	PID	9664.0	19000.0	0.0	kg/hr
PC101	塔顶压力控制	PID	4.25	8.5	0.0	atm
PC102	塔顶压力控制	PID	4.25	8.5	0.0	atm
TC101	灵敏板温度控制	PID	89.3	190.0	0.0	℃
LC101	塔釜液位控制	PID	50.0	100.0	0.0	%
LC102	塔釜蒸汽缓冲罐液位控制	PID	50.0	100.0	0.0	%
LC103	塔顶回流罐液位控制	PID	50.0	100.0	0.0	%
TI102	塔釜温度指示	AI	109.3	200.0	0.0	℃
TI103	进料温度指示	AI	67.8	100.0	0.0	℃
TI104	回流温度指示	AI	39.1	100.0	0.0	℃
TI105	塔顶气温度指示	AI	46.5	100.0	0.0	℃

TDC-3000 控制系统的 PM 由过程管理模件 PMM 和 I/O 系统两部分组成。PMM 由通讯处理器、I/O 链路接口处理器和控制处理器三部分组成，主要完成通讯、控制和管理作用。一个 PM 的 I/O 系统最多由 40 个 I/O 处理器（I/O 卡）组成，共有 8 种类型 I/O 处理器，有 16 通道的高电平模拟处理器（HHAI）、8 通道低电平模拟输入处理器（LLAI）、32 通道低电平多路转换器（LLMAI）、16 通道智能变送器接口处理器、8 通道模拟数字输出处理器（AO）、32 通道数字输入器（DI）、16 通道数字输出处理器（DO）、8 通道脉冲输入处理器（PI）。

由于压力、流量、液位的检测最终都通过变送器转换成 4~20mA 标准的信号，共 9 个点，因此可以连接到一个 HLAI 卡。5 点温度检测可以直接将热电阻连接到 LLAI 卡件上。单元有 9 个控制回路，需要两个 AO 卡接 9 点模拟输出。如图 6-7 所示。

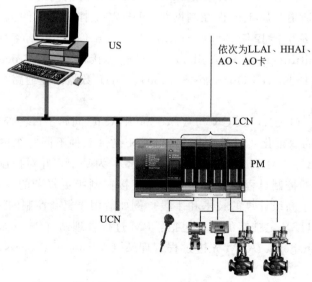

图 6-7 精馏单元 TDC-3000 控制系统构成示意图

操作训练

参观化工厂，观察企业的 DCS 系统，分析其组成。

思考与练习

① 仿真操作相当于仿真_____站的操作。
② 完成操作站和现场站之间信息上传下达的是_____。
③ TDC-3000PM 的 I/O 卡件有哪几种？

知识拓展　分析 DCS 控制系统故障现象

DCS 系统对工艺过程控制的故障主要集中在现场仪表、现场仪表与 DCS 连接以及 DCS 组态的不合理等。

(1) 现场仪表与工艺故障的判断

在生产中有时因仪表故障，使检测变量出现异常；有时因为工艺故障引起仪表指示的非正常变化。因此，首先应正确区分是工艺问题还是控制系统和仪表的故障问题。简单判别方法如下。

① 记录曲线的比较

◆ 记录曲线突变　工艺变量的变化一般比较缓慢而有规律，如果曲线突然变化到"最大"或"最小"极限位置，很可能是仪表故障。

◆ 记录曲线突然大幅度变化　各个工艺变量之间往往是互相联系的，一个变量的大幅度变化一般都要引起其他变量的明显变化，若其他变量无明显变化，则这个指示大幅度变化的仪表及其相关元器件可能有故障。

◆ 记录曲线不变化　目前的仪表大都很灵敏，工艺变量有一点变化都能有所反映。如果较长时间内记录曲线一直不动或原来的曲线突然变直时，就要考虑仪表出现故障。这时，可以人为改变一点工艺条件，看仪表有无反应，若无反应则可确定仪表有故障。

② 控制室与现场同位仪表比较　对控制室的仪表指示有怀疑时，可以去看安装在现场的相应仪表（同位仪表），两者的指示值应当相等或相近，如果差别很大，则仪表有故障。

③ 两仪表间比较　有的重要工艺变量，用两台仪表同时进行监测显示，若两者变化不同或指示不同，则至少有一台故障。

(2) DCS 故障举例

① 操作站死画面现象　死画面现象有两种：一种是由于工作站与局域控制网之间的数据接口卡故障引起，一旦通信卡故障，则工作站无法采集到现场的数据，也无法向局域控制网总线发出信息，造成工作站瘫痪，所有流程图的数据都以"RRRRR"显示，无法进行操作控制；另一种死画面现象则表现在某个画面停止了数据刷新，不能进行任何操作，但不影响其他画面的调用运行，该类故障常常发生在操作非常频繁的时候，这时，大量的数据不停地在局域控制网总线和工作站之间传输，造成通信卡负担过重。

② 通信控制网噪声大　TDC-3000 分散控制系统的通用控制网采用同轴电缆作为通信介质。当网络受到干扰时，数字信号在传输过程中就可能发生差错，结果导致信息传输质量下降，虽然 TDC-3000 分散控制系统采用了"容错控制"技术，但一旦差错超出所允许的范围，就会影响整个系统的工作性能甚至造成通信瘫痪。在实际运行中，有时会出现一条通用

控制网电缆噪声大并报警的情况，致使该电缆不能正常运行，系统只能靠一条电缆工作，电缆的冗余备用也就失去了实际的意义。

思考与练习

当某点趋势为一直线，而同组其他点趋势变化很大，试分析是什么原因？

任务6.2　操作精馏单元

【任务描述】　认识精馏单元的控制方案，会精馏单元的操作。

任务6.2.1　认识精馏塔的控制方案

精馏塔是一个把混合物中各组分进行分离的设备，进料口以上到塔顶称为"精馏段"，进料口以下到塔底称为"提馏段"。在精馏塔的操作中，被控变量多，可选用的操作量也多，对象的通道也多，内在机理复杂，变量机理互相联系，而要求一般又较高，所以控制方案颇多。应在深入分析工艺特性，总结实用经验的基础上，结合实际情况选择合适的控制方案。

（1）控制要求

① 质量指标　根据分离产品的性质，决定在塔顶或塔底产品中至少应保证其中一种的分离纯度，而其他产品应保证在某一范围内。分离纯度应是精馏塔的控制的主要指标，但由于分离纯度较难在线连续检测，因此一般在操作中以精馏塔的温度和压力为主要指标。

② 物料平衡　塔顶馏出液与塔釜采出液之和应等于进料量，而且这几个量的变动应比较平缓，以利于平稳操作。塔釜、塔顶冷凝器和回流罐的储液量应介于规定的上、下限之间。另外，塔内压力稳定与否，对塔的平稳操作有很大影响。

③ 约束条件　为了保证塔的平稳操作，必须满足一些约束条件。如塔内汽、液两相流速不能过高，以免引起泛液，又不能过低，以免塔板效率大幅度下降，再沸器的加热温差不能超过"临界"温度。

（2）主要扰动分析

精馏塔过程相对复杂，影响精馏塔的因素很多，会遇到各种扰动，主要有以下几种。

① 塔压的波动，塔压波动会影响到汽、液平衡和塔物料平衡，从而影响操作的稳定性和产品的质量。

② 进料的量、成分和加热量的变化。这是主要的扰动，由于进料一般是前序工段的产品，所以，实际上，进料量一般是不可以控制的，因此，也就不作为精馏塔质量控制的操纵变量。

③ 塔的蒸汽速度和加热量的变化。

④ 回流量及组分变化影响大。

（3）提馏段温度控制方案

精馏塔的控制方案很多。理想的控制系统应以产品的成分或物性为直接控制指标最好，但由于目前的检测技术手段无法作到快速、准确、长时间在线使用，所以，只能以与产品质量有直接关系的间接指标为被控变量。温度和压力是决定分离程度的最直接指标，可以选两者之一作被控变量，由于塔压是保证精馏塔平稳操作的最主要因素，应尽可能保证塔压的稳定，所以，一般以温度为间接被控变量。在塔压稳定的条件下，以塔顶或塔底某块对温度变化反应较灵敏的"灵敏板"温度为检测点。提馏段温度控制就是用提馏段温度作为衡量质量的间接指标,以改变加热量为操作手段的控制方法。本单元精馏塔的控制采用提馏段温度控制方案,如图6-1所示,TIC101就是以提馏段塔板温度为被控变量,塔加热蒸汽量作为操作变量。

另外,有五个辅助控制系统:对塔底采出量和塔顶馏出液按物料平衡关系分别设有液位控制与流量串级控制系统(LIC101-FIC102),如果是作为下一塔的进料,应做均匀控制;进料量的定值控制 FIC101(必要时,也可作均匀控制);为维持塔压力恒定的两个塔顶压力控制系统 PIC101 和 PIC102;回流量定值控制系统 FIC104。提馏段温度控制有利于保证塔底产品的质量,由于过程的时间常数小,对塔的稳定操作也较有利。提馏段温控的回流量足够大,对保证塔顶产品的纯度也有利,所以有些要求塔顶产品纯度高的情况下,也可采用提馏段温度控制方案。

知识拓展 精馏段温度控制方案与均匀控制系统

(1) 精馏段温度控制方案

图 6-8 为采用精馏段温度作为衡量质量的间接指标,以改变回流量为操作手段的精馏段温控方案。主控系统以精馏段塔板温度为被控变量,回流量为操作变量。另设几个辅助控制系统,其中,对进料量、塔压、塔底采出量与塔顶馏出液的控制与提馏段的控制相同。此时,再沸器的加热量应维持一定,且足够大,以使塔底产品在最大负荷时仍能保持良好的质量。采用精馏段温度作为间接质量指标,所以能较直接地反映塔顶产品的状况,对保证塔顶产品的纯度较为有利。当塔顶产品质量要求较高时,一般采用精馏段温度控制方案。当进料为气相或其他干扰首先进入精馏段时,采用精馏段温度控制比较及时。如果精馏段温度指标要求较高,可以采用图 6-9 所示的温度与流量串级控制。

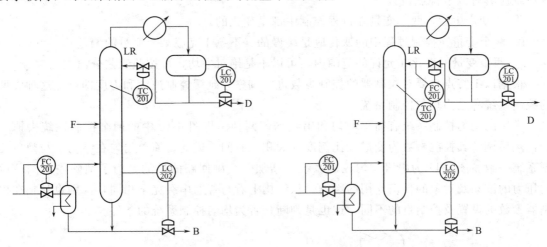

图 6-8 精馏塔精馏段温度控制方案　　图 6-9 精馏塔精馏段温度与流量串级控制方案

精馏段温度控制的主要缺点是回流量要经常变化,即塔的内回流不能恒定,这对物料平衡和能量平衡的影响较明显,对塔的平稳操作带来一定困难,所以在参数整定时应注意使回流量的变化能缓慢一些,以降低不利影响。要求塔顶产品纯度高的情况,也采用提馏段温度控制。

对有些精密精馏过程以及物料中成分沸点相差很小的情况,还需要选用其他的控制方案,如温差控制、双温差控制等。在以上控制方案的基础上,对于精馏塔塔压控制也有多种方法,读者可以根据各自企业的实际情况进行分析,确定符合实际要求的控制方法。

(2) 均匀控制系统

在生产过程中,生产设备之间经常会紧密相连,变量相互影响。如在连续精馏过程中,甲塔的出料是乙塔的进料。精馏塔的塔釜液位与进料量都应保持平稳,这也就是说甲塔的液位应保持稳定,乙塔的进料流量也要稳定,按此要求如果分别设置液位控制系统和流量控制系统,如图 6-10 所示,当甲塔塔釜液位升高时,液位控制器要求阀门 1 开大,使乙塔进料量增加,流量控制器要求减小阀门 2 的开度,阻止进料的增加。显然,这是相互矛盾的,无法使两个控制系统稳定。

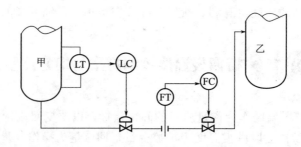

图 6-10 前后精馏塔控制的分析

由于进、出料这是一对不可调和的矛盾,可以在两塔之间增加有一定容量的缓冲器,但除了要增加投资和占地面积外,对易产生自聚或分解的物料这种方法是行不通的。另外的解决办法是相互作出让步,就要使它们在物料的供求关系上均匀协调,统筹兼顾,即在有扰动时,两个变量都有变化,而且变化幅度协调,共同来克服扰动。为达到这一目的而设计的控制系统应具有以下特点。

① 扰动产生后,两个变量在过程控制中都是变化的。

② 两个变量在控制过程中的变化应是缓慢的(不急于克服某一变量的偏差)。

③ 两个变量的变化在允许的范围内,可以不是绝对平均,可按照工艺分出主、次。

根据以上特点只要对控制器的控制参数进行调整,延缓控制速度和力度即可。这种类型的控制系统称之为均匀控制系统。

常用的均匀控制系统有简单均匀和串级均匀两种。将图 6-10 中的两个控制系统去掉一个,然后调整其控制参数为变成大比例度、大积分时间。因此,简单均匀在结构上与简单控制系统一致。图 6-11 为串级均匀控制系统,增加一个副回路的目的是为了消除控制阀前后的压力的波动及对象的自衡作用的影响。从结构上看与普通串级完全相同,区别也只是在控制器参数的设置及控制目的不同,这也是判断是否为均匀控制系统的条件。

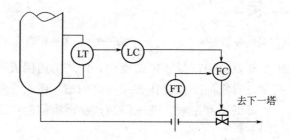

图 6-11 精馏塔塔釜液位与出口流量串级均匀控制系统

任务6.2.2　精馏单元仿真操作

选择通用DCS风格，启动培训项目。

(1) 冷态开车操作规程

装置冷态开工状态为精馏塔单元处于常温、常压氮吹扫完毕后的氮封状态，所有阀门、机泵处于关停状态。

① 进料过程

◆开FA-408顶放空阀PC101排放不凝气，稍开FIC101调节阀（不超过20%），向精馏塔进料。

◆进料后，塔内温度略升，压力升高。当压力PC101升至0.5atm时，关闭PC101调节阀投自动，并控制塔压不超过4.25atm（如果塔内压力大幅波动，改回手动调节稳定压力）。

② 启动再沸器

◆当压力PC101升至0.5atm时，打开冷凝水PC102调节阀至50%；塔压基本稳定在4.25atm后，可加大塔进料（FIC101开至50%左右）。

◆待塔釜液位LC101升至20%以上时，开加热蒸汽入口阀V13，再稍开TC101调节阀，给再沸器缓慢加热，并调节TC101阀开度使塔釜液位LC101维持在40%~60%。

待FA-414液位LC102升至50%时，并投自动，设定值为50%。

③ 建立回流

随着塔进料增加和再沸器、冷凝器投用，塔压会有所升高。回流罐逐渐积液。

◆塔压升高时，通过开大PC102的输出，改变塔顶冷凝器冷却水量和旁路量来控制塔压稳定。

◆当回流罐液位LC103升至20%以上时，先开回流泵GA412A/B的入口阀V19，再启动泵，再开出口阀V17，启动回流泵。

◆通过FC104的阀开度控制回流量，维持回流罐液位不超高，同时逐渐关闭进料，全回流操作。

④ 调整至正常

◆当各项操作指标趋近正常值时，打开进料阀FIC101；

◆逐步调整进料量FIC101至正常值；

◆通过TC101调节再沸器加热量使灵敏板温度TC101达到正常值；

◆逐步调整回流量FC104至正常值；

◆开FC103和FC102出料，注意塔釜、回流罐液位；

◆将各控制回路投自动，各参数稳定并与工艺设计值吻合后，投产品采出串级。

(2) 正常运行

串级均匀控制系统的特性分析

培训项目选择正常运行、通用DCS风格，启动培训项目。在趋势设置中将LIC101和FIC102设置在同一个画面中，FIC102的K=0.6、T1=10、T2=0，LIC101的K=2、T1=100、T2=0，将LIC101的SP值从50%改变到45%（相当于加5%的扰动的随动控制过程），调整趋势画面中的$X_{min}-X_{max}$为100，观察趋势曲线。

均匀控制系统在结构形式上与一般串级控制系统相似，主要是控制器参数不同。在该精馏单元中，主要是控制液位的稳定，当要求液位和流量都能均匀变化时，要减弱LIC101的控制作用，增强 FIC102 的控制作用。重做当前任务，调整 LIC101 的 K＝0.6，FIC102 的 K＝3、T1＝100 后，LIC101 的 SP 值从 50％ 改变到 45％，观察趋势曲线。

对比两条曲线，分析均匀控制的特点。图 6-12 为运行 1.5h 左右的过渡过程曲线图。

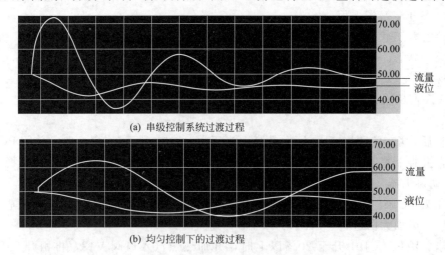

图 6-12　串级与串级均匀的过渡过程曲线比较

思考与练习

① 根据仿真操作和图 6-12 可看出，在串级控制下主要是为了稳定_____，因此允许_____波动大。

② 串级均匀控制中，牺牲了_____的稳定，而提高_____的稳定，从而保证两个变量均匀变化。

任务 6.3　操作 TDC-3000 系统

【任务描述】　认识 TDC-3000 操作员键盘，明确各个按键功能，能读懂 TDC-3000 的显示画面以及画面中的信息。学会各种显示画面的调用和切换，熟练读懂 DCS 的显示画面中的信息。学会历史数据的查找和调用，并能完成相关信息的打印，并熟练读取历史数据信息。学会对控制回路参数的选择和操作，能够在手动、自动方式下改变相应参数；能正确处理报警事件。

任务 6.3.1　认识操作员键盘

DCS 控制系统的操作员键盘采用专用键盘，具有防水、防尘能力，并有明显标识（图案或文字）的薄膜键盘。键盘作为操作员主要的输入设备，在键的设置和布置方面充分考虑操作的方便性和直观性。并且在键盘内装有电子蜂鸣器，作为操作响应和提示报警信息的装置。

不同的 DCS 产品键盘的按键设置和布置是不相同的，但在按键类型方面也有共性，认真领会一种键盘的按键的含义，对其他类型 DCS 的键盘的认识有很大的帮助。

随着显示技术的发展，现在更多的 DCS 厂家采用触摸屏显示，直接在屏幕上设置敏感区，操作人员只要用手指触摸一下对应的敏感区，就可以达到操作的目的。

图 6-13 为 TDC-3000 操作员键盘，键盘各键功能见表 6-2。为了学习需要，把它分成不同区域，便于表 6-2 和图 6-13 之间的对应。

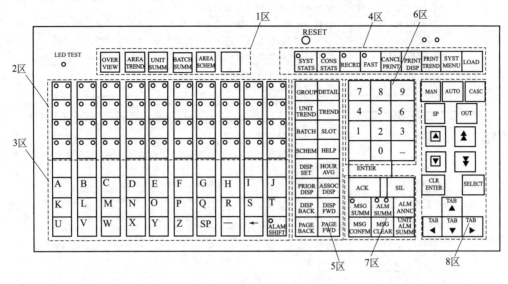

图 6-13 TDC-3000 操作员键盘

表 6-2 TDC-3000 操作员键盘键功能表

键区	按键	键功能说明	区号
总貌图形调用键	[OVER VIEW]	总貌显示键，直接调用总貌显示画面	1
	[AREA TREND]	区域趋势显示键，直接调用区域趋势显示画面	
	[UNIT SUMM]	单元摘要显示键	
	[BATCH SUMM]	批操作摘要显示键	
	[AREA SCHEM]	区域流程显示键，直接调出区域流程画面	
流程画面调用和单元报警指示键组		键盘左侧 40 个带双灯的用户自定义键，通常定义为常用流程画面调用键和单元报警指示键，操作人员可以进行"一触式"操作	2
流程画面调用键和字母符号输入键组		键盘左侧下部 4 排键，也为用户自定义键，常组态流程画面调用功能。下边 3 排具有字母输入功能，取 SHIFT 键组合，可实现字母输入	3
系统显示、记录、打印功能键组	[SYST STATS]	系统状态显示键，直接调出系统状态显示主画面。如果系统设备和网络发生故障，则键灯亮	4
	[CONS STATS]	操作台状态显示键，直接调出本地操作台状态显示画面。若本地操作台出现故障，则键灯亮	
	[RECORD]	趋势笔记录键，当要启动趋势记录仪对一个点的 PV 值进行记录时按此键。若记录仪的记录正在进行，则键灯亮。当希望停止记录时，再按此键。该键只有在本地 US 装有记录仪并在屏幕显示操作组画面时才起作用	
	[FAST]	快速更换键，该键可控制画面的更新速度、趋势笔记录仪的采样速度在 4s 或 1s 一次间更换。该键为反复键（快速与否）	
	[CANCEL PRINT]	取消打印键，按下该键，取消打印机正在进行的打印。按下时，系统将提示输入要取消打印的打印机号	
	[PRINT DISP]	拷屏键，执行屏幕硬拷贝功能	
	[PRINT TREND]	趋势打印键，在屏幕显示组画面时，按此键可打印该组各点的趋势	
	[SYST MENU]	系统菜单键，用以调出系统菜单显示	
	[LOAD]	装载键，执行向 US 装载软件。操作员不能使用此键	

续表

键区	按键	键功能说明	区号
操作画面调用键组	[GROUP]	组显示键,用来调组显示画面,但要输入组号	5
	[DETAIL]	细目显示键,用来调细目显示画面,要和点名的选择操作结合起来使用	
	[UNIT TREND]	单元趋势键,按此键并输入单元标识符后,调出相应单元趋势显示画面	
	[TREND]	趋势键,在操作组画面中选择了某点后按此键,可调出该点趋势图	
	[BATCH]	批操作键,操作员不使用	
	[SLOT]	槽调用键,操作员不使用	
	[SCHEM]	用户自定义画面键,按此键后键入用户画面名称,可调出用户定义画面	
	[HELP]	帮助键,只有在组态有帮助信息时按此键才能调出有关帮助画面	
	[DISP SET]	显示组键,操作员不用	
	[HOUR AVG]	小时平均键,在显示组画面下按此键,调出各点的10个最新小时平均值	
	[PRIOR DISP]	返回显示键,用于退回上一幅显示画面	
	[ASSOC DISP]	关联显示键,可调出与当前显示画面有关的画面,要由组态来确定	
	[DISP BACK]	流程画面回退键,用于流程图画面调用,需按某特定关系组态每幅流程图的序号,使用该键可退回到比当前画面序号小的相邻序号画面	
	[DISP FWD]	向前显示键,与[DISP BACK]相反,可向大序号的相邻流程画面切换	
	[PAGE BACK]	往回翻页键,对于多页显示画面,按此键向页号小的方向翻页	
	[PAGE FWD]	向前翻页键,与[PAGE BACK]相反,按此键向页号大的方向翻页	
数字键组	0~9、"."、"—"及[ENTER]	该组键在屏幕数据输入窗口输入数据时使用。[ENTER]为回车键	6
报警键组	[ACK]	报警确认键,如果有报警发生,[ALM SUMM]灯闪亮。调出有关报警画面,报警信息旁有闪光星号,按此键可实现对报警确认。确认后如果报警仍存在,闪光变平光	7
	[SIL]	消声键,当发生声音(喇叭)报警时,按此键可消声	
	[MSG SUMM]	信息摘要键,用以调出信息显示画面	
	[ALM SUMM]	报警摘要键,用以调出区域报警摘要显示画面。该键上方有一红、一黄两键灯,闪光表示有未确认报警,平光为有报警但已确认。红、黄灯可表示报警级别	
	[ALM ANNC]	报警窗显示键,按此键可调出报警显示画面,并在此画面上进行报警初步确认,最终确认要在区域或单元报警摘要显示画面下进行	
	[MSG CONFM]	信息确认键,在操作员信息摘要显示画面下进行信息确认	
	[MSG CLEAR]	信息清除键,可清除信息摘要显示画面中的已确认信息	
	[UNIT ALM SUMM]	单元报警摘要显示键,按此键并键入单元标识符可调出单元报警摘要显示画面,低优先级报警在此画面确认	
操作控制键组	控制方式切换键	[MAN]、[AUTO]、[CASC]为手动、自动、串级控制方式设定键	8
	[SP]	设定点键,按此键可对选定的点进行设定值输入(用数字键或快慢键)。只有在自动方式下才能输入回路设定值	
	[OUT]	输出键,在手动方式下,按此键可对选定点的输出值进行调整,可用升/降改变数字点输出,用数字键或快慢键改变模拟点输出	
	[▲]慢升键 [▼]慢降键	慢升键,可改变数字点输出,置棒图显示框上部状态;可缓慢增加模拟数值,每次按此键,使最低位加1。慢降键,作用与此相反	
	[⇧]快升键 [⇩]慢升键	快升键,快速增加模拟数据的值,增加速度是每2/3秒增加参数满量程的2%、3%、5%或10%,由组态确定。一个系统只能选择一种改变速度。快降键使参数值快速减小	
	[CLR ENTER]	清除输入键,可在按[ENTER]键前,清除输入窗口中输入的字母或数字,以便重新输入	
	[SELECT]	选择键,当光标位于屏幕触标位置时,按此键可启动该触标,与触屏功能相同	
	[◁▷]	触标键,用于移动光标,但只能使光标在屏幕触标间跳动	

在操作员键盘上设有一个钥匙键锁开关，它有三个位置，即操作员（Operator）、管理人员（Supervisor）和工程师（Engineer），它用来切换系统的软件属性，相应钥匙有两把，分别由管理人员和工程师掌管。这三个位置中工程师位置具有最高优先级，管理人员位置次之，操作员位置只具有操作员属性。在工程师位置时，可以进行所有项目的修改和组态操作；在管理员位置时可进行管理员职责范围和操作员的全部工作；在操作员只能进行规定的常规操作。这种键锁功能的设置，服务于安全需要。

操作训练

对照TDC-3000仿真系统的操作员键盘，操作各按键，明确各按键的功能。

思考与练习

① 操作员键盘采用专用键盘，具有_____、_____能力，并有_____的_____键盘。

② 操作员操作时，钥匙键的位置是_____。

任务6.3.2　认识显示画面

TDC3000系统为操作员提供的显示画面有很多，包括系统状态监视、操作过程控制显示、报警显示和管理、过程操作、报告输出等功能。工艺操作工主要围绕过程显示进行相关操作。

（1）系统状态显示画面

系统状态显示画面主要是显示系统设备和网络的状态，并能CRT显示画面上进行更改。但这种画面对一般操作工很少操作。

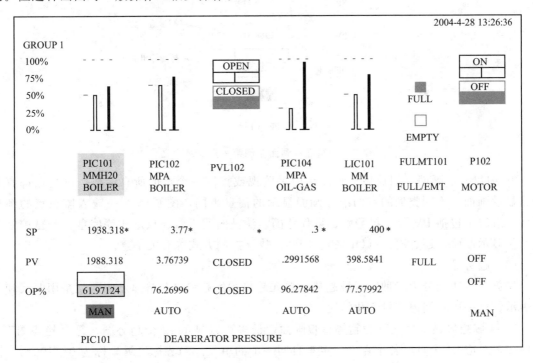

图6-14　组显示画面

(2) 过程操作显示画面

过程操作显示画面主要有总貌显示、组显示、细目显示等。

① 总貌显示画面（OVERVIEW） 又称为区域总貌显示，将 DCS 控制过程分成若干个区域，每个区域一个画面。主要是利用总貌画面能及时找到不正常操作的回路。每个画面分成 4 行、每行 9 组，共 36 组偏差和报警显示。每组都定义了触标区，利用鼠标点击或点击触摸屏，可以显示该组的组显示画面。

② 组显示画面 组显示画面为操作人员提供最多 8 个过程点的显示画面，如图 6-14 所示。可以包括控制点、模拟显示点和开关显示点，三种数据类型的点可以平排。图 6-14 中为 7 个过程制点，左侧第一点表示的含义如图 6-15 所示；第 3 个为一开关阀的状态指示，为关闭状态；第 6 点为液位极限位置的指示，指示为"满"；第 7 个为电机的状态指示，指示为"关闭"状态。

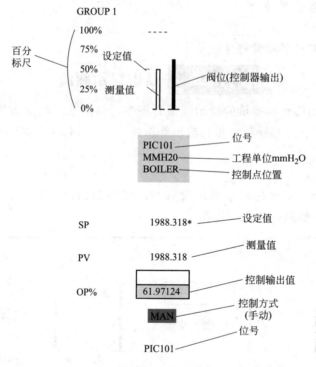

图 6-15 组显示画面左侧第一点显示含义

③ 细目显示画面 细目显示画面是用来监视或控制一个点的所有参数，每个点都有其细目显示画面。不同类型的点的细目画面显示的信息不同，图 6-16 为一输入监视点的细目画面，给出了包括 PV 源、报警限、量程范围、滤波时间常数、点形式等信息。若是控制点的细目显示画面，还有输出（OP%）、PID 参数、控制方式等有关信息。

(3) 趋势显示

趋势显示功能分为三种：区域趋势、单元趋势和组趋势。趋势显示画面就是用曲线和文字表示各点一段时间内变量变化情况。

① 区域趋势显示 又称为趋势总貌画面，最多可以显示 12 个趋势图，每个趋势图有 2 条曲线，对应 24 个点，各个点不一定来自同一个的单元。趋势标尺纵坐标为 0~100%，横坐标为时间轴，只有 2 小时和 8 小时两种。

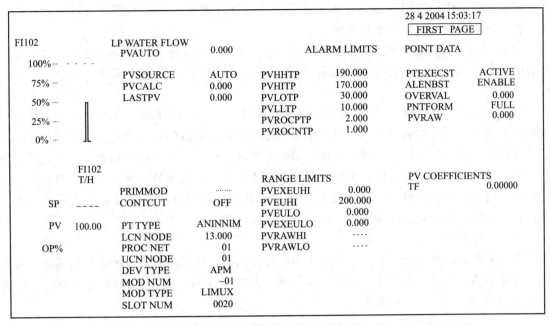

图 6-16 监视点的细目显示画面

② 单元趋势显示 与区域趋势显示在画面布局和显示内容上很相似，所不同的是每幅画面中的点均来自同一个单元。

③ 组趋势显示 每幅画面可以显示 4～8 个点的趋势，所显示的点通常与组显示画面点对应，组趋势只有一个趋势图，可以显示 4 个点的趋势。趋势图占据屏幕的一部分，另一部分显示各点的信息，内容与组显示画面内容相同。

（4）报警显示

报警显示画面可以帮助操作人员迅速识别过程报警和系统设备报警，并能及时进行正确的处理。报警显示画面有报警摘要显示画面、报警窗信息显示画面两大类。

① 报警摘要显示画面 分区域报警摘要显示和单元报警摘要显示。区域报警摘要显示共 5 页，显示本区域内最新的紧急报警和高优先级报警，每页可容纳 20 个报警信息。新的报警将旧的报警挤向下一行。区域报警画面显示内容如图 6-17 所示。单元报警显示画面和区域报警摘要显示类似，但单元报警摘要显示画面可以显示紧急、高级、低级优先级三种报警信息，报警点处于同一个单元。

编号	报警时间	报警点名	报警点描述	报警类型	报警值	报警限
1	13:39:11	TIC101	ANALOG INPUT OF TIC101	PVHI	461.31	
2	13:39:10	TIC101	STEAM TEMPERATURE CONTROL	PVLL	411.66	
3	13:39:09	TIC101	STEAM TEMPERATUPE CONTROL	PVLO	419.95	

图 6-17 报警摘要显示画面显示内容

② 报警窗信息显示画面 本画面用于模拟一个声光报警盘，每页 60 个显示窗口，最多可以指示 300 个点的报警。报警窗信息显示画面的上部显示出最新的 5 个高级优先级以上的报警信息，内容和格式同区域报警摘要显示。中部为 60 个报警窗，每个报警窗口最多可组态 10 个过程报警数据点，它将以各点中最高报警对应的颜色闪亮。每个报警窗是一个触标，选中它可以在本屏幕或其他画面中调出有关信息显示。

（5）流程图显示画面

流程图显示画面是用户自定义画面，按照工艺操作需要，定义画面的内容、格式、功能，在系统组态软件支持下设计而成。

① 总貌流程图画面　它反映的是全装置或一个工艺流程的主要设备，显示少量的重要变量的测量值。每个设备都是一个触标，可以直接切换到相应设备为主体的操作流程显示画面。

② 设备操作流程显示画面　是流程图画面的最小单位，它详细、直观反映一个单元的流程详细信息。通过本画面可以完成该单元的控制回路和监视回路的操作。通常该画面的顶层为标题区，中部为流程主体区，下层为参数改变区。标题区显示画面标题、时间，同时设置一些常用标准画面切换触标；主题区的控制回路方块显示设定值、测量值、控制方式、报警状态等信息，控制回路方块通常也是触标，调出该回路的基本控制信息在参数改变区显示；在参数改变区对回路控制方式、给定值、输出值等进行操作。

(6) 系统菜单显示

系统菜单显示画面提供了一些系统实用的操作功能，列出系统部分组态编辑菜单，包括组织摘要菜单、实时杂志作业、总貌显示编辑、组显示编辑、清屏、报表/记录/杂志/趋势打印 10 个菜单，如图 6-18 所示。

```
                                    27 DEC 2008    14:23:30
                       SYSTEM    MENU
     ■ORGANIZATIONAL SUMMARY MENU    ■REPORT/LOG/TREND/JOURNAL MENU
     ■REAL TIME JOURNAL ASSIGNMENTS  ■EVENT HISTORY MENU
     ■OVERVIEW EDIT DISPLAY          ■PROCESS VARIABLE RETRIEVAL
     ■GROUP EDIT DISPLAY             ■REMOVABLE MEDIA INITIALLIZATION
     ■CLEAR SCREEN

                                    R300 (C) HONEYWELL INC. 1984
```

图 6-18　系统菜单显示画面

操作训练

(1) 读图 6-14，说明各点信息内容。

(2) 启动精馏塔单元，读流程图画面信息、分组画面、报警画面信息。

思考与练习

① 图 6-14 的第 4 点 PIC104 中，工程单位是_____，测量值_____，设定值_____，输出值_____。

② 系统菜单显示画面中，ORGANIZATIONAL SUMMARY MENU 表示_____；EVENT HISTORY MENU 表示_____。

知识拓展　TDC-3000 系统的显示画面调用与操作

画面的调用可以用专用键盘、鼠标，现在多数 DCS 的操作站采用触摸屏，也就可以直接采用触摸屏幕触标区调用各种画面。

(1) 用键盘调用

键盘调用可以按照键盘上的各键的定义直接调用，如流程图画面调用和单元报警指示键组是工程师组态后定义的热键，按此键可以直接调用定义的画面；又如用操作画面调用键组和数字键组也可以直接调用对应的画面。

（2）用触标调用

利用鼠标或在触摸屏上直接点击触标，可以完成画面的调用和操作。

① 在系统菜单显示画面下调用细目显示画面

可以按照以下步骤进行。

◆选择触标"ORGANIZATIONAL SUMMARY MENU"，调出组总貌显示画面；

◆选择触标"UNIT POINT SUMMARY"，出现"ENTER UNITID"，输入单元标识符，出现"DISPLAY"触标；

◆点"DISPLAY"触标，显示出该单元点清单；

◆选择想要的点名，按［DETAIL］调出该点细目显示。

② 趋势画面操作

在组趋势显示画面下可以进行以下操作。

◆改变时基　在组显示画面的趋势图左侧出现时基选择菜单，选择要求的时基即可，时基有 20 分钟、1 个小时、2 个小时和 8 个小时。

◆时间轴的滚动　选择"＜"或"＞"触标，时间轴将向后或向前滚动，一次滚动一个时基。如当前的时基是 2 小时，时间轴目前的时间是 8：40，则按一次"＜"，当前显示时间变成 6：40。

◆按工程单位显示 Y 轴的刻度　趋势图 Y 轴是按百分比显示，选择 TAG 名的隐形触标后，则在 Y 轴百分坐标的左侧按工程单位显示。

◆改变 PV 值显示范围　选择 0 和 100% 刻度隐形触标，出现"ENTER NEW HILO SCALE VALUE"（输入新高/低范围值），输入新的范围值并按［ENTER］，可改变 PV 显示范围，实现趋势图放大。若想返回组显示，按［PRIOR DISP］。

操作训练

按照仿真操作要求，启动精馏塔仿真单元，按要求开车后，再利用仿真操作员键盘或鼠标调用流程图画面、组显示画面、报警显示画面等。

思考与练习

① 趋势显示画面当前的时基是 1 小时，目前时间是 12：10，按"＞"触标一次后，当前显示时间为_____。

② 调用总貌显示画面，按_____键，调区域趋势显示画面按_____键。

③ 调用组显示画面，要按_____键，并输入_____；调用细目显示画面，需要按_____键，并输入_____。

任务 6.3.3　历史数据的读取、打印

（1）事件历史检索

在进行事故分析或交接班时，通常需要将发生的事件在显示器上调用出来或打印出来，这就是历史事件检索。事件检索在系统菜单显示中点"EVENT HISTORY MENU"，进入事件历史检索显示画面，如图 6-19 所示。

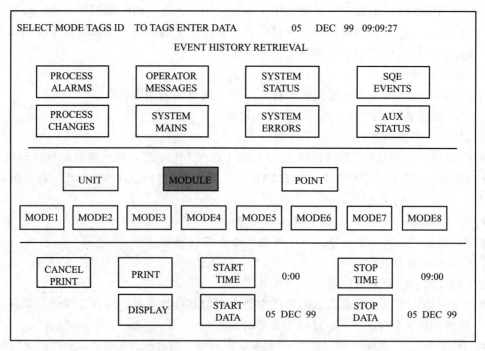

图 6-19　事件历史检索显示画面

画面的上部提供可供检索的事件类型，它们均为触标。点"PROCESS ALARMS"或"PROCESS CHANGES"均可弹出画面中部的显示"UNIT"、"MODULE"和"POINT"触标。选择"MODULE"触标，于是在下面出现"MODE1"～"MODE8" 8 个触标，屏幕顶行提示"SELECT MODE TRGS TO ENTER DATA"（选择模块触标输入数据）。选择一个 MODE，该触标下面出现一个输入窗口，顶行提示"ENTER MODE ID"，提示在输入窗口输入模件的标识符。

在画面的底部出现事件历史检索控制项目，"START TIME"和"STOP TIME"为触标，旁边提示默认的起止时间（到当前时间一个小时范围），点击该触标，顶行提示"ENTER START（STOP）TIME HH MM"，可以更改起止时间。

选择 PRINT 或 DISPLAY，打印或显示出选定的历史事件。

（2）过程变量检索

TDC3000 提供了变量的检索功能，操作人员通过点系统菜单显示中的"PROCESS VARIABLE RETRIEVAL"，进入过程变量检索画面，如图 6-20 所示。可以对过程点或组的实时 PV 值或各自的平均值进行显示或打印。

该画面操作与事件历史检索画面操作类似。它提供的变量检索方式为：

◆ "REAL TIME"只显示指定点在调用时的瞬间 PV 值；

◆ "MINUTE VALUES"（分钟值），最多可以显示、打印指定点 60 分钟以内的平均值；

◆ "HOURLY AVERAGES"（小时平均），最多能显示、打印 60 个小时内的小时平均值；

◆ "USER AVERAGES"（用户定义平均），最多能显示、打印 60 个用户平均值；

◆ "DAILY AVERAGES"（日平均），最多可有 31 个日平均值出现；

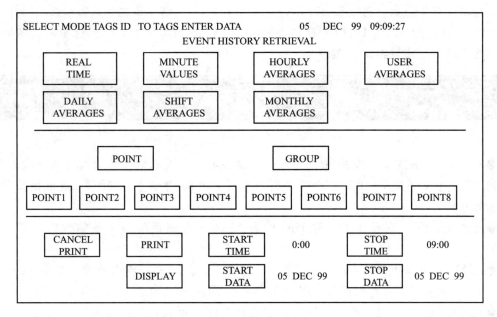

图 6-20　过程变量的检索画面

◆ "SHIFT AVERAGES"（班平均），一个班 8 个小时，最多有 47 个班的平均值；
◆ "MONTHLY AVERAGES"（月平均），最多可以得到 13 个月的平均值。

思考与练习

① 在系统菜单画面上按_____触标，进入过程变量检索画面后，想检索报警信息按_____触标。如果想把检索的信息打印出来，按_____触标。

② 在系统菜单画面上按_____触标，进入事件历史检索画面后，想检索班平均值，按_____触标。如果想停止打印信息，按_____触标。

任务 6.3.4　操作控制回路

工艺操作人员进行参数修改使用最多的画面是单元类和组类画面，这两类画面都可以进行 SP、OP、PV 和控制方式等的操作。细目画面虽然也能完成以上操作，但由于一次只能完成一个点的操作，所以，反而使用很少。

操作参数的修改是有权限的，如果出现 "DATA ACCESS ERROR" 提示，表示不允许修改，应请工程技术人员处理。

（1）参数的选择方法

在组显示画面或趋势画面以及操作单元流程图画面上，先选中要操作的过程点，使其背景变蓝，则该点的 SP、PV、OP、MODE 等参数均变成隐形触标（当光标移动到触标上时，箭头变成含十字的圆圈），触摸或点击相应的参数，或在键盘上按相应参数键（如 [OUT]），则出现一个输入窗口，能进行新值的输入。在细目显示画面上直接选择欲修改的参数，即可出现一个输入窗口和可选择的菜单，可以进行新值输入。

（2）参数修改

◆选择控制点的控制方式　选中控制点后，在屏幕的左边或下面出现控制方式选择菜单，图 6-21 所示为操作区内显示的控制点操作参数，选中希望的方式，并按 [ENTER]

键；也可以在选中点后，直接按 [MAN]、[AUTO]、[CAS] 键之一，直接改为对应方式。MAN 为手动控制方式，AUTO 为自动控制方式，CAS 为串级方式，但这里所说的串级不同于串级系统，是指外给定方式。

图 6-21　操作区内显示的控制点操作参数

◆在 AUTO 方式下修改 SP 值　选中 SP 参数后，输入新值，清除输入按 [CLR] 键，确定输入按 [ENTER] 键即可，也可以利用键盘上的▲/▼或⬆/⬇（即升/降或快升/快降）进行参数修改。

◆修改 PV 值　只有在 PV SOURCE 为 MAN，即测量值为手动输入时，可以修改 PV 值。

◆在 MAN 方式下修改 OP 值　选择 OP 或按 [OUT] 键，输入新值，如图 6-21 所示，再按 [ENTER] 键即可；也可以利用键盘上的升/降或快升/快降键操作。

◆开关量的操作　对一些泵、阀等，只有开关两个形式时，点击该点会出现图 6-22 的操作区，点击 OP 会出现"OFF"和"ON"两个框，执行完开或关的操作后点击"ENTER"，OP 下面会显示操作后的新的信息，点击"CLR"将会清除操作区。

图 6-22　操作区内显示的开关控制点操作参数

◆手动点输出操作　手动点的操作参数如图 6-23 所示，一般用来设置阀门开度或其他非开关形式的量。OP 下面显示该变量的当前值。点击 OP 则会出现一个文本框，在下面的文本框内输入想要设置的值，然后按回车键即可完成设置，点击"CLR"将会清除操作区。

图 6-23　操作区内显示的手动控制点操作参数

操作训练

按照仿真操作要求，打开精馏塔单元，按要求开车后，分别在流程图画面和分组画面中，改变控制方式、更改参数，观察更改后的变化。

思考与练习

① 出现图 6-21 显示内容后，想把控制方式改为自动控制方式，应点＿＿＿＿触标和＿＿＿＿触标。

② 在＿＿＿＿方式下可以改变 SP 值，在＿＿＿＿方式下，可以改变＿＿＿＿OP 值。PV 值只有在＿＿＿＿情况下，才可以修改。

知识拓展　报警操作

当系统发生报警时，【ALM SUMM】键灯会亮，按下此键可以调出区域报警摘要显示画面。报警发生时，一般操作工要按报警确认键［ACK］，如果报警仍存在，报警指示灯由闪光变成平光。如果是声光报警，按［SIL］键可以消除声音。

思考与练习

① 【ALM SUMM】键上方有一红、一黄两键灯，闪光表示_____，平光为有报警，但_____。红、黄灯可表示_____。

② 报警确认按_____键，消声按_____键。

小结

1. DCS控制系统又称为集散控制系统，是分布式计算机控制系统（Distributed Control System）的缩写。集散控制系统的基本组成通常包括现场监控站（监测站和控制站）、操作站（操作员站和工程师站）、上位机和通信网络等部分。

2. 精馏塔的控制方案主要有精馏段温度控制和提馏段温度控制方案，分别检测精馏段灵敏板和提馏段灵敏板温度，采用单回路或串级控制。

3. 精馏塔的采出如果是下一个精馏塔的进料，要求该塔的液位和下一塔的进料均相对稳定时，一般采用均匀控制。均匀控制结构上和单回路或串级控制一致，但控制器参数设置不一样。

4. DCS控制系统有专用的键盘，采用防水、防尘的薄膜键盘，利用专用键盘完成各种显示画面的调用、参数修改、历史检索、打印等功能。

5. DCS系统的显示画面很丰富，包括系统状态监视、操作过程控制显示、报警显示和管理、过程操作、报告输出等功能。

6. 过程操作显示画面主要有总貌显示、组显示、细目显示和用户画面显示等。总貌显示画面将DCS控制过程分成若干个区域，每个区域一个画面；组显示画面为操作人员提供最多8个过程点的显示画面；细目显示画面是用来监视或控制一个点的所有参数，每个点都有其细目显示画面。

7. 趋势显示功能分为三种：区域趋势、单元趋势和组趋势。趋势显示画面就是用曲线和文字表示各点一段时间内变量变化情况。

8. 报警显示画面可以帮助操作人员迅速识别过程报警和系统设备报警，并能及时进行正确的处理。报警显示画面有报警摘要显示画面、报警窗信息显示画面两大类。

9. 流程图显示画面是用户自定义画面，按照工艺操作需要，定义画面的内容、格式、功能，在系统组态软件支持下设计而成。包括总貌流程图和设备操作流程图。

10. 系统菜单显示画面提供了一些系统实用的操作功能。

11. 在系统菜单显示画面点"EVENT HISTORY MENU"，进入事件历史检索显示画面，根据检索要求可以进入相应的事件检索。

12. 点系统菜单显示中的"PROCESS VARIABLE RETRIEVAL"，进入过程变量检索画面，再查找想检索的点。

13. 画面调用可以用专用键盘直接调用，也可以用鼠标或触摸屏，点击触标调用。

14. 操作员可以完成控制方式、SP值、OP值以及特殊情况下的PV值的修改。

习题

6-1 什么是集散控制系统？

6-2 集散控制系统由哪几部分组成？各部分的作用？

6-3 什么是均匀控制系统？什么时候采用？

6-4 精馏塔仿真单元采用的是什么控制方案？

6-5 TDC-3000 操作员键盘由哪几部分组成？各键有哪些功能？

6-6 TDC-3000 操作员常操作的显示画面有哪些？

6-7 组显示画面显示哪些信息？怎么区别监视点和控制点？

6-8 详细写出图 6-14 所示组显示画面中的信息。

6-9 用键盘如何调用细目显示画面？

6-10 什么情况下可更改 SP 值？如何更改？更改后被控变量将怎么变化？

6-11 在自动控制模式下，能否手动控制 OP 值？要想快速改变 OP 值最好将控制模式改为什么方式？如何更改？

6-12 在手动模式下如何更改 OP 值？

6-13 如何在系统菜单下，利用触标调用细目显示画面？

6-14 写出查询历史报警信息的过程。

操作PLC控制系统

【项目描述】 PLC作为一种智能化的控制装置,已经越来越多的应用在生产和生活中。作为一个化工操作工必须对PLC有一定了解,并能熟练操作PLC控制的装置。

【项目学习目标】
① 认识PLC;
② 认识PLC在化工生产中的作用;
③ 会开关量的输入、输出与PLC的连接;
④ 能熟练操作PLC控制的装置。

任务7.1 操作PLC组成的电子计量计

【任务描述】 认识PLC,能够操作PLC控制的模拟计量计。

任务7.1.1 认识PLC

(1) PLC是一种计算机控制装置

PLC可编程控制器是随着计算机技术的进步逐渐应用于生产控制的新型微型计算机控制装置。最早是用来替代继电器等来实现继电-接触控制,因此称为可编程逻辑控制器(Programmable Logic Controller,简称PLC)。随着计算机技术的研究与开发,其功能逐步扩展,已经不仅仅局限于逻辑控制,因此,又被称为可编程控制器,并曾一度简称为PC(Programmable Controller),但由于与个人计算机的PC冲突,又被重新称为PLC。

(2) PLC的硬件组成

PLC是一种控制计算机,组成如图7-1框图所示。PLC硬件主要由三部分组成,主要包括中央处理器CPU、存储系统和输入、输出接口,另外还应有编程器。由于工业中检测信号和被控制装置的类型很多,差别较大,因此,控制计算机的输入、输出接口类型也比较多。可分为开关量(即数字量)、模拟量和脉冲量等,相应输入、输出模块可分为开关量输入模块、开关量输出模块、模拟量输入模块、模拟量输出模块和脉冲量输入模块等。

每一个厂家的PLC,甚至同一厂家不同型号的PLC都有自己专用的系统程序,相互之间不能互用,系统程序相当于计算机操作系统。

用户编写的程序用编程器写入PLC,PLC根据用户程序完成控制功能。目前使用的编程器有便携式编程器和通用计算机。便携式编程器又称为简易编程器,这种编程器通常直接

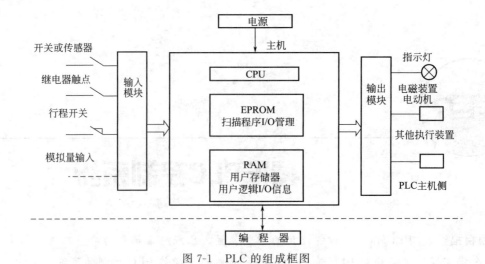

图 7-1 PLC 的组成框图

与 PLC 上的专用插座相连，由 PLC 给编程器提供电源。这种编程器一般只能用助记符指令形式编程，通过按键将指令输入，并由显示窗口显示，它只能联机编程，对 PLC 的监控功能少，便于携带，因此适合小型 PLC 的编程要求。在通用计算机中加上适当的硬件接口和软件包，便可进行编程，通常用这种方式可直接进行梯形图编程，监控的功能也较强。

(3) 编程语言

可编程控制器目前常用的编程语言有以下几种：梯形图语言、助记符语言、功能表图和某些高级语言。现在一般读者使用梯形图语言较多，而且采用梯形图编程与继电器回路图控制相似，比较好理解。

① 梯形图语言　梯形图的表达式沿用了原电气控制系统中的继电接触控制电路图的形式，二者的基本构思是一致的，只是使用符号和表达方式有所区别。

若工艺要求开关1闭合40s后或开关2闭合，指示灯亮，此逻辑可以通过梯形图表示出来，图 7-2 为三菱 PLC 实现的梯形图，它是由若干个梯级组成的，每一个输出元素构成一个梯级，而每个梯级由多条支路组成。

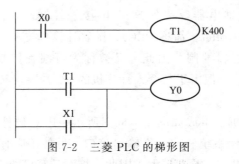

图 7-2　三菱 PLC 的梯形图

图 7-2 梯形图对应的助记符如下：

```
LD        X0
OUT       T1
SP        K400
LD        TIM1
AND       X1
OUT       Y0
```

梯形图应从上至下按行编写,每一行则应按从左至右的顺序编写。CPU 将按自左到右,从上而下的顺序执行程序。梯形图的左侧竖直线称母线(源母线)。梯形图的左侧安排输入触点(如果有若干个触点相并联的支路应安排在最左端)和中间继电器触点(运算中间结果),最右边必须是输出元素。

梯形图中的输入触点只有两种:常开触点(┤├)和常闭触点(┤╱├)。这些触点可以是 PLC 的外接开关量的映像点,也可以是 PLC 内部继电器触点,或内部定时、计数器的状态。每一个触点都有自己特殊的编号,以示区别。同一编号的触点有常开、常闭两个状态供选择,触点使用次数不限。因为梯形图中使用的"继电器"对应 PLC 内的存储区某字节或某位,所用的触点对应于该位的状态,可以反复读取,故人们称 PLC 有无限对触点。梯形图中的触点可以任意的串联、并联。

梯形图中的输出线圈对应 PLC 内存的相应位,输出线圈不仅包括中间继电器线圈、辅助继电器线圈以及计数器、定时器,还包括输出继电器线圈,其逻辑动作只有线圈接通后,对应的触点才可能发生动作。用户程序运算结果可以立即为后续程序所利用。程序结束时应有结束符 END。

② 助记符语言　又称命令语句表达式语言,它常用一些助记符来表示 PLC 的某种操作。它类似微机中的汇编语言,但比汇编语言更直观易懂。用户可以很容易地将梯形图语言转换成助记符语言。

这里要说明的是不同厂家生产的 PLC 所使用的助记符各不相同,因此同一梯形图写成的助记符语句不相同。用户在梯形图转换为助记符时,必须先弄清 PLC 的型号及内部各器件编号、使用范围和每一条助记符的使用方法。

(4) PLC 的种类和外形

现在生产 PLC 的厂家很多,PLC 性能等也有区别,外形也有不同,但按硬件结构可以将 PLC 分为三类。

① 整体式结构(一体化)　它是将 PLC 各组成部分集装在一个机壳内,输入、输出接线端子及电源进线分别在机箱的上、下两侧,并有相应的发光二极管显示输入/输出状态。面板上留有编程器的插座、EPROM 存储器插座、扩展单元的接口插座等。编程器和主机是分离的,程序编写完毕后即可拔下编程器。

具有这种结构的可编程控制器结构紧凑、体积小、价格低。小型 PLC 一般采用整体式结构,如 OMRON 的 C**P/H、CPM1A 系列、CPM2A 系列,SIMENS 的 S7-200 系列都采用这类结构。如图 7-3 所示。

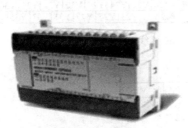
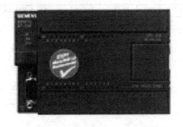

(a) 欧姆龙 CPM1A C**P 外形图　　(b) SIMENS S7-200 的外形图

图 7-3　整体式结构 PLC 外形图

② 模块式 PLC　输入/输出点数较多的大、中型和部分小型 PLC 采用模块式结构，如图 7-4 所示。模块式 PLC 采用积木搭接的方式组成系统，便于扩展，其 CPU、输入、输出、电源等都是独立的模块，有的 PLC 的电源包含在 CPU 模块之中。PLC 它由框架和各模块组成，各模块插在相应插槽上，通过总线连接。PLC 厂家备有不同槽数的框架供用户选用。用户可以选用不同档次的 CPU 模块、品种繁多的 I/O 模块和其他特殊模块，硬件配置的灵活，维修时更换模块也很方便。采用这种结构形式的有西门子的 S5 系列、S7-300、400 系列，OMRON 的 C500、C1000H 及 C2000H 等以及小型 CQM 系列。

(a) 欧姆龙 C200H 外形图　　　　(b) 西门子 S7-300 外形图

图 7-4　模块式 PLC 外形图

③ 叠装式 PLC　上述两种结构各有特色，整体式 PLC 结构紧凑、安装方便、体积小，易于与被控设备组成一体，但有时系统所配置的输入输出点不能被充分利用，且不同 PLC 的尺寸大小不一致，不易安装整齐；模块式 PLC 点数配置灵活，但是尺寸较大，很难与小型设备连成一体。为此开发了叠装式 PLC，它吸收了整体式和模块式 PLC 的优点，其基本单元、扩展单元等高等宽，它们不用基板，仅用扁平电缆连接，紧密拼装后组成一个整齐的体积小巧的长方体，而且输入、输出点数的配置也相当灵活，如三菱公司的 FX2 系列等。

(5) PLC 的接线

图 7-5 为三菱 FX_{2N}-64MR 的接线端子图。FX_{2N}-64MR 中，2N 表示为系列号，64 表示输入、输出点数，M 表示基本单元，R 表示继电器输出。采用继电器输出，左端 4 个公用一个 COM 端，右边多输出公用一个 COM 端。输出的 COM 比输入端要多，主要考虑负载电源种类较多，而输入的类型相对较少。对于晶体管输出其公用端子更多，图 7-6 为 FX_{2N}-16MT 的输出端子。

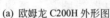

	COM	COM	X0	X2	X4	X6	X10	X12	X14	X16	X20	X22	X24	X26	X30	X32	X34	X36	
L	N		24+	24+	X1	X3	X5	X7	X11	X13	X15	X17	X21	X23	X25	X27	X31	X33	X35	X37

输入及电源端子

	Y0	Y2		Y4	Y6		Y10	Y12		Y14	Y16		Y20	Y22	Y24	Y26	Y30	Y32	Y34	Y36	COM6
COM1	Y1	Y3	COM2	Y5	Y7	COM3	Y11	Y13	COM4	Y15	Y17	COM5	Y21	Y23	Y25	Y27	Y31	Y33	Y35	Y37

输出端子

图 7-5　FX_{2N}-64MR 接线端子图

●	Y0	Y1	Y2	Y3	Y4	Y5	Y6	Y7	●
●	COM0	COM1	COM2	COM3	COM4	COM5	COM6	COM7	

图 7-6　FX_{2N}-16MT 晶体管输出接线端子

① PLC 的电源　供中国使用的供电电源有两种形式：交流 220V 和直流供电电源（多为 24V）。交流供电如图 7-7 所示。图中 L 表示火线、N 表示零线，⏚表示接地。交流供电的

PLC，提供辅助直流电源，供输入设备和部分扩展单元。FX_{2N} 系列 PLC 的辅助电源容量在 250～460mA。在容量不够的情况下，需要单独提供直流电源。采用直流电源供电如图 7-8 所示，这类 PLC 的端子上不再提供辅助电源。

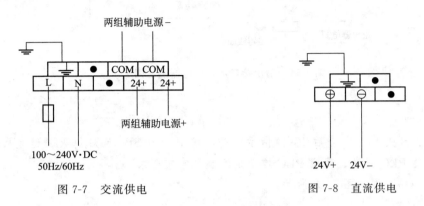

图 7-7　交流供电　　　　　　　图 7-8　直流供电

② 输入接线　PLC 输入主要接检测装置以及主令电器等。不同类型输入与三菱 FX_{2N} PLC 连接如图 7-9 所示。要注意 FX_{2N} PLC 内部将输入端与内部 24V 电源正极、COM 端与负极连接。这与其他类 PLC 有很大区别，在今后使用其他 PLC 时，千万要注意仔细阅读其说明书。

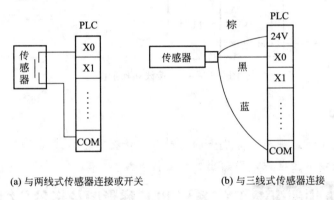

(a) 与两线式传感器连接或开关　　　(b) 与三线式传感器连接

图 7-9　不同类型输入与三菱 FX_{2N} PLC 连接示意图

③ 输出接线　输出口与执行装置相连接，主要是各种继电器、电磁阀、指示灯等。这类设备本身所需的功率很大，且电源种类各异。PLC 一般不提供执行器件的电源，需要单独提供。为了适应输出设备的多种电源的需要，PLC 的输出口一般都分组设置。PLC 有三类输出：继电器输出、晶体管输出和晶闸管（可控硅）输出。图 7-10 为继电器输出时，交、直流设备混合控制时的接线示意图。图 7-11 为晶体管输出控制交流设备或控制大功率设备时，通过继电器过渡的示意图。

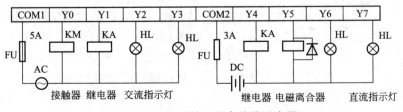

图 7-10　继电器输出混合接线示意图

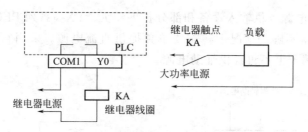

图 7-11 输出接口加装继电器示意图

 操作训练

工艺要求：开关 SB_1 闭合后 40s，指示灯亮，按下开关 SB_2 后灯熄灭。请完成 PLC 接线，输入提供的 PLC 程序，观察 PLC 控制是否满足工艺要求。

参考接线和梯形图如图 7-12 所示。

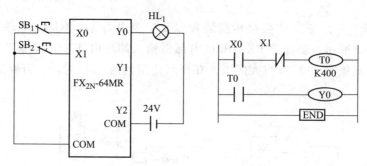

图 7-12 参考接线和梯形图

 思考与练习

① 当合上开关 1 后，观察计算机上的定时器有什么变化？

② 为什么开关没有接电源，而输出的灯要接电源？

知识拓展 FX_{2N} 系列 PLC 梯形图及指令介绍

① 基本逻辑指令　梯形图每行的左侧是条件，右边是结果。当输入 X0 接通，要求输出 Y0 也导通，如图 7-13 的第一行；当输入 X1 不接通，要求输出 Y1 导通，如图 7-13 的第二行；当要求 X0 和 X1 均导通时（X1 和 X0 是"与"逻辑），Y2 导通，如图 7-13 的第三行；当要求 X0 或 X1 导通时（X1 和 X0 是"或"逻辑），Y3 导通，如图 7-13 的第四行。每一行后面的是助记符指令表。

② 定时器指令　如图 7-12 中的 T0 指令，定时指令执行设定数减 1 操作，当当前值为零时定时器闭合（延时闭合），延时设定值为 K1～K32767。T0～T199 的度量单位为 0.1s，相应的设定时间为 0.1～3276.7s，如图 7-12 中的 T0 指令下的 K400，K 表示是十进制的数，0.1s×400＝40s 定时时间为 40s；T200～T245 的度量

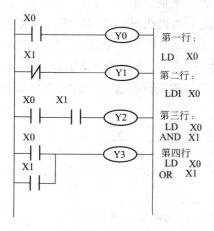

图 7-13 梯形图及基本指令应用举例

单位为 0.01s。定时操作功能为：当定时器的输入为 ON 时开始定时，定时到，则定时器输出 ON，否则为 OFF。无论何时只要定时器的输入为 OFF，则定时器的输出为 OFF，图 7-12 中，当 X0 触点接通，而 X1 不接通时，开始定时，40s 后定时器接通。对应的触点 T0 接通，Y0 也导通；但当 X0 断开或 X1 闭合时，定时器复位，定时停止。

任务 7.1.2　操作 PLC 组成的电子计量计

工业中常用 PLC 配置不同的传感器组成电子计量计。如图 7-14 的双秤自动包装机。该包装机采用双计量磅秤进行成品计量。被包装的粉状或颗粒状的产品由传送带送来，通过 A、B 秤振荡器向秤斗给料（给料大小由振荡挡板控制），达到预定质量后，停止给料，经过渡料斗装袋，然后由传送皮带运走。

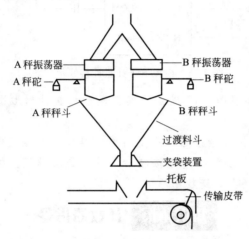

图 7-14　双秤自动包装机工作原理图

又如图 7-15 所示的钢球计量装置工作示意图。钢球通过霍尔接近开关时，开关闭合，PLC 根据接近开关的接通次数计量钢球的个数。

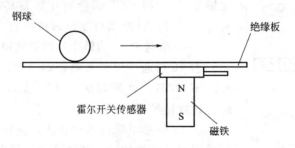

图 7-15　钢球计数装置的工作示意图

操作训练

模拟电子计量计

① 模拟电子计量计的组成：一个计量开始按钮、一个计量清零按钮、一个光电接近开关、一台 PLC、一个指示灯。

② 模拟电子计量计的工作要求：模拟一个包装过程，6 瓶酒包装成一箱。按计量开始按钮后，光电开关接通 6 次（有 6 瓶酒通过），指示灯亮 2s（包装酒箱过程）。按计数清零

按钮，重新开始计数。

③ PLC 接线　参照图 7-16 所示的模拟电子计量计接线示意图，完成 PLC 的接线，注意 PLC 之间的区别，请查找相关说明书或教师的指导。

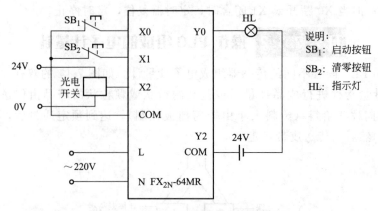

图 7-16　模拟电子计量计接线示意图

④ 输入 PLC 程序　参照图 7-17 提供的模拟电子计量计梯形图，改写适合你选用 PLC 的程序，并写入 PLC。

⑤ 操作模拟计量计　按开始按钮，反复用手或其他物品在光电开关前慢慢滑过，观察指示灯是否在每滑过 6 次亮 2s？按清零按钮后，计数是否继续？按清零按钮后，再按开始按钮，是否重新计数？如不是，请找出原因。

知识拓展　计数器指令

计数器是 PLC 重要的内部元件，计数器输入 1 个脉冲时（计上升沿），计数器计 1 次，当计数器计数次数达到设定值时，计数器线圈导通，触点动作。设定值可以由常数 K 设定，也可以是指定的数据寄存器内的数据。如图 7-17 中 C0 的设定值是 K6。用 RST 指令对计数器复位，当 RST 指令输入有上升沿时，计数器被复位为初始值。

FX$_{2N}$ 系列 PLC 的低速计数器有以下四种。

① 16 位通用增计数器：编号 C0～C99，设定值范围为 K1～K32767，计数器从 0 开始加 1，当当前值等于设定值时，计数器导通。

② 16 位停电保持增计数器：编号 C100～C199，它与 16 位通用增计数器的唯一区别是即时停电，计数器的当前值和输出触点的状态也能保持，若来电，则计数器的当前值在原数据基础上继续增加。

③ 32 位通用增/减双向计数器：编号 C200～C219，设定值范围为 K-2147483648～+2147483647。这些计数器当前值是减 1 还是加 1，取决于与之相对应的特殊辅助继电器，如 C200 时 M8200，C214 时 M8214，C219 时 M8219。当 M82** 接通（ON）时，C2** 执行减计数；当 M82** 断开（OFF）时，C2** 执行加计数，M82** 接通或断开由其他

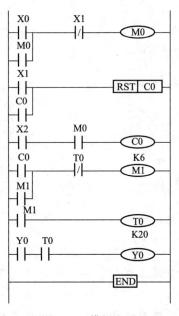

图 7-17　模拟电子计量计梯形图

信号控制。这类计数器的设定值可为正、负值。

④ 32 位停电保持增/减双向计数器：编号 C220～C234，它与 32 位通用增/减双向计数器区别在于停电能保持。

任务 7.2　操作 PLC 控制的联锁报警控制系统

【任务描述】 明确联锁报警控制系统在化工生产中的意义，能够识别联锁报警系统。能操作联锁报警系统。

任务 7.2.1　认识联锁报警系统

报警系统是当工艺变量超限后，通过声、光提醒操作人员注意；当工艺变量超限，已经到了危及人身、设备安全的时候，必须采取联锁停车措施。

（1）报警系统

信号报警系统由故障检测元件和信号报警器以及其附属的信号灯、音响器和按钮等组成。

当工艺变量超限时，故障检测元件的接点会自动断开或闭合，并将这一结果送到报警器。信号报警器包括有触点的继电器箱、无触点的盘装闪光报警器和晶体管插卡式逻辑监控系统。信号报警器及其附件均装在仪表盘后，或装在单独的信号报警箱内。信号灯和按钮一般装在仪表盘上，便于操作。即使在 DCS 控制系统中，除在显示器上进行报警、通过键盘操作外，重要的工艺点也在操作台上单独设置信号灯和音响器。

信号灯的颜色具有特定的含义：红色信号灯表示停止、危险，是超限信号；乳白色的灯是电源信号；黄色信号灯表示注意、警告或非第一原因事故；绿色信号灯表示可以、正常。

通常确认按钮（消音）为黑色，实验按钮为白色。

（2）联锁保护系统

在生产过程中，某些关键变量超限幅度较大，如不采取措施将会发生更为严重的事故，通过自动联锁系统，按照事先设计好的逻辑关系动作，自动启动备用设备或自动停车，切断与事故设备有关的各种联系，以避免事故的发生或限制事故的进一步发展，保护人身和设备安全。

联锁保护实质是一种自动操纵保护系统。联锁保护包括以下四个方面。

① 工艺联锁　由于工艺系统某变量超限而引起的联锁动作，简称"工艺联锁"。如合成氨装置中，锅炉给水流量越（低）限时，自动开启备用透平给水，实现工艺联锁。

② 机组联锁　运转设备本身或机组之间的联锁，称之为"机组联锁"。例如合成氨装置中合成气压缩机停车系统，有冰机停、压缩机轴位移等 22 个因素与压缩机联锁，只要其中任何一个因素不正常，都会停压缩机。

③ 程序联锁　确保按预定程序或时间次序对工艺设备进行自动操纵。如合成氨的辅助锅炉引火烧嘴检查与回火、脱火、停燃料气的联锁。为了达到安全点火的目的，在点火前必须对炉膛内气体压力进行检测，用空气进行吹除炉膛内的可燃性气体。吹除完毕方可打开燃料气总管阀门，实施点火。即整个过程必须按燃料气阀门关→炉膛内气压检查→空气吹除→打开燃料气阀门→点火的顺序操作，否则，由于联锁的作用，就不可能实现点火，从而确保安全点火。

④ 各种泵类的开停　单机联锁触点控制。

知识拓展 XXS-02型闪光报警器

XXS-02型闪光报警器，一般安装在控制室内的仪表盘上。输入信号是电接点式，可以与各种电接点式控制检测仪表配套使用。报警器有8个报警回路，每个回路带有两个闪光信号灯，其中一个集中在报警器上，另一个由端子引出，可以任意安装在现场或模拟盘上。每个回路监视一个极限值，每个报警回路的信号引入接点，可以是常开点，也可以是常闭点，但每个报警器回路只可用一个信号接点。图7-18为报警器外观图。该报警器可以外接电笛或蜂鸣器，另外必须外接实验、消音、复位等按钮。一般闪光报警系统的状况见表7-1。

图7-18 报警器外观图

表7-1 一般闪光报警系统的状况

状态	报警灯	音响器
正常	灭	不响
不正常	闪光	响
确认（消音）	平光	不响
恢复正常	灭	不响
试验	全亮	响

 操作训练

操作报警系统

教师设置好报警系统，学生操作实验按钮、观察现象。教师认为设置一个报警，学生按要求按消音（确认）按钮，观察现象。报警消除后，再按复位按钮。

 思考与练习

① 在带控制点的流程图中，用什么字母来表示报警和联锁系统？
② 消音按钮、实验按钮各有什么作用？
③ 报警变量已经恢复正常，声、光是否都立刻消失？

任务7.2.2 操作联锁报警系统

液位联锁报警系统工艺流程图见图7-19，当液位超过上限或下限值时，对应的指示灯亮，电笛响。按下消音按钮后，电笛停止鸣叫。超限值恢复到正常值时，报警消除。若超过上上限，电磁阀得电，切断供水阀的气源，停止供水，电机停转，切断进液泵流入的液体，强迫液位下降。

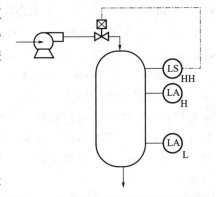

 操作训练

操作PLC控制的联锁报警系统

① PLC接线　根据表7-2的I/O点分配和参照图7-20所示的PLC接线示意图，完成PLC的接线，注意PLC之间的区别，请查找相关说明书或教师的指导。

图7-19 液位联锁报警系统工艺流程图

② 输入 PLC 程序　参照图 7-21 提供的联锁报警梯形图，改写适合你选用 PLC 的程序，并写入 PLC。该程序是一个非闪光报警程序，报警时灯为平光。

③ 操作联锁报警系统　首先按实验按钮，观察两个指示灯是否亮、电笛是否鸣叫。人为使报警和联锁变量超限，观察指示灯和电笛。按消音按钮，观察指示灯、电笛的变化。

表 7-2　I/O 分配表

输入信号			输出信号		
名称	代号	输入点编号	名称	代号	输出点编号
上限输入开关	SB$_1$	X0	上限指示灯	HL$_H$	Y0
下限输入开关	SB$_2$	X1	下限指示灯	HL$_L$	Y1
上上限输入开关	SB$_3$	X2	电笛	DD	Y2
消音按钮	SB$_4$	X3	气源电磁阀	DV	Y3
			电动机电源继电器	K	Y4

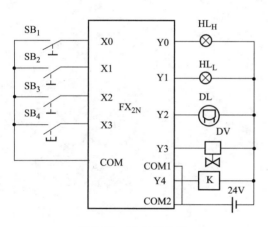

图 7-20　PLC 接线图

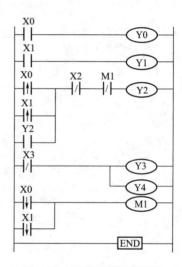

图 7-21　联锁报警控制程序

小结

1. PLC 是一种工业控制计算机，由 CPU、存储器、输入输出接口组成，还要求编程器写入用户程序。PLC 常用的编程语言包括梯形图、助记符语言等。

2. PLC 根据结构分成整体式、模块式和叠装式。

3. PLC 的接线根据 PLC 类型不同有所区别。三菱 FX$_{2N}$ 系列 PLC 输入由于已经内部连接了电源，所以，输入接线有不同。

4. PLC 组成的电子计量计是以 PLC 为控制、计算装置，用不同类型传感器检测计量产品的数量等。

5. 联锁报警系统是为了保证生产安全进行而采取的措施。报警是提醒操作工注意；而联锁系统是当生产出现重大危险时，自动采取的安全停车措施。

6. 联锁报警系统有很多实现方法，PLC 是其中之一。

习题

7-1　什么是 PLC？PLC 有何特点？

7-2　PLC 由哪几部分组成？各部分有什么作用？与工业控制计算机相比有什么不同？

7-3　PLC 按照 I/O 容量分成哪几种？按照结构分为哪几种？

7-4　SIMENS 的 S7 PLC 哪一系列是整体式？哪一系列是模块式？

7-5　OMRON PLC 的 C 系列哪几种是整体式？哪几种是模块式？

7-6　联锁保护系统的类型有哪些？

7-7　报警系统的目的是什么？

参 考 文 献

[1] 蔡夕忠主编. 化工仪表. 第 2 版. 北京：化学工业出版社，2008.
[2] 蔡夕忠主编. 流量控制系统. 北京：化学工业出版社，2006.
[3] 赵刚主编. 化工仿真实训指导. 北京：化学工业出版社，1999.
[4] 开俊主编. 工业电器与仪表. 北京：化学工业出版社，2002.
[5] 胡宝寅主编. 工业仪表及自动化实验. 北京：化学工业出版社，1999.